W0263339

Teubner
Studienskripten (TSS)

Mit der preiswerten Reihe **Teubner Studienskripten** werden dem Studenten ausgereifte Vorlesungsskripten zur Unterstützung des Studiums zur Verfügung gestellt. Die sorgfältigen Darstellungen, in Vorlesungen erprobt und bewährt, dienen der Einführung in das jeweilige Fachgebiet. Sie fassen das für das Fachstudium notwendige Präsenzwissen zusammen und ermöglichen es dem Studenten, die in den Vorlesungen erworbenen Kenntnisse zu festigen, zu vertiefen und weiterführende Literatur heranzuziehen. Für das fortschreitende Studium können **Teubner Studienskripten** als Repetitorien eingesetzt werden. Die auch zum Selbststudium geeigneten Veröffentlichungen dieser Reihe sollen darüber hinaus den in der Praxis Stehenden über neue Strömungen der einzelnen Fachrichtungen orientieren.

Zu diesem Buch

Der Band "Einführung in die Zweitortheorie" gibt
eine einführende Darstellung dieses wichtigen und
in der elektrotechnischen Praxis so bewährten Theorie. Das Skriptum wendet sich an Studenten der
Elektrotechnik an Fachhochschulen und Universitäten,
die sich zum ersten Mal mit dieser Theorie befassen,
wie an Interessenten, die sich einen Überblick über
diesen Zweig der Elektrotechnik verschaffen wollen.
Dabei werden Grundkenntnisse über Gleich- und
Wechselstrom, der komplexen Methode und einfacher
Netzberechnungen vorausgesetzt. Das Buch eignet sich
zum Selbststudium und als Ergänzung zur Vorlesung.

Einführung in die Zweitortheorie

Von Dipl.-Ing. H. Freitag

Professor an der
Fachhochschule Wilhelmshaven

4., durchgesehene Auflage
Mit 92 Bildern,
34 Beispielen und 12 Tafeln

B. G. Teubner Stuttgart 1990

Prof. Dipl.-Ing. Horst Freitag

Geboren 1934 in Berlin. 1954 bis 1959 Studium an der
Technischen Hochschule Ilmenau. 1961 bis 1966 Ent-
wicklungsingenieur der Fa. Standard Elektrik Lorenz
AG in Pforzheim. Seit 1966 Dozent, seit 1973 Professor
an der Fachhochschule Wilhelmshaven.

CIP-Titelaufnahme der Deutschen Bibliothek

Freitag, Horst
Einführung in die Zweitortheorie / von H. Freitag. - 4.,
durchges. Aufl. - Stuttgart : Teubner, 1990
   (Teubner-Studienskripten ; 64 : Elektrotechnik)

   ISBN 978-3-519-30064-9   ISBN 978-3-322-92724-8 (eBook)
   DOI 978-3-322-92724-8

NE: GT

Gesamtherstellung: Druckhaus Beltz, Hemsbach/Bergstraße
Umschlaggestaltung: W. Koch, Sindelfingen

<u>Vorwort zur dritten Auflage</u>

Die vorliegende 3. Auflage des Buches ist gegenüber den beiden vorausgegangenen Auflagen neu bearbeitet und erweitert. Große Fortschritte in der Halbleitertechnik bei hohen Frequenzen (Dioden, Transistoren) und bei der gedruckten Schaltungstechnik (Streifenleitertechnik, micro-strip) sowie in der Höchstfrequenzmeßtechnik bedingten auch die Weiterentwicklung der klassischen Vierpoltheorie zur modernen Zweitortheorie.

Die konventionelle Strom-Spannungsdarstellung an Klemmenpaaren muß bei hohen Frequenzen aufgegeben werden, an ihre Stelle treten Konnektoren (Koaxial- bzw. Hohlleiterkupplungen) und Wellengrößen, die über elektrische und magnetische Transversalfeldstärken gemessen werden können. Hierfür werden spezielle Zweitorgrößen definiert (Streuparameter, Reflektionsfaktoren u.a.). Dieser modernen Erweiterung der bewährten Vierpoltheorie sind die neuen Abschnitte 10 bis 12 gewidmet. Wichtig ist dabei, daß bei der Ableitung der Wellendarstellung allein von der konventionellen Strom-Spannungsdarstellung ausgegangen wird, die neue Form wird bruchlos aus der alten entwickelt.

Der Weiterentwicklung unserer Theorie trägt die Neufassung von DIN 40 148 Rechnung. Verallgemeinernd und frequenzunabhängig heißen unsere "schwarzen Kästen" nun Z w e i t o r e , ihre Ein- und Ausgänge unabhängig von der konstruktiven Gestaltung T o r e , die Theorie Z w e i t o r t h e o r i e .

Der Zwang zur Abstraktion der Elektrotechnik ist in der Zweitortheorie für den Leser manchmal anstrengend. Aber das Studium dieser Theorie hat einen kaum zu überschätzenden Nebeneffekt, es schult das in der Elektrotechnik arteigene Denken in hohem Maße.

Wilhelmshaven, im Juni 1984   H. Freitag

Inhalt   Seite

1. Grundaufgabe der Zweitortheorie   8
2. Lineare Zweitore   11
    2.1. Zweitor und Zweitorgleichungen   11
    2.2. Zweitorparameter   14
    2.3. Umrechnung der Zweitorparameter   25
    2.4. Umkehrungssatz   31
    2.5. Determinanten der Zweitormatrizen   35
    2.6. Symmetrische Zweitore   36
    2.7. Umkehrung eines Zweitors   39
    2.8. Eingangs- und Ausgangswiderstand beliebig abgeschlossener Zweitore   43
3. Kombinationen von Zweitoren   47
    3.1. Parallelschaltung   48
    3.2. Serienschaltung   51
    3.3. Kettenschaltung (I)   52
    3.4. Kettenschaltung von gleichen Zweitoren   55
    3.5. Serien-Parallelschaltung   63
4. Elementarzweitore   64
    4.1. Zweitore mit einem Widerstand   65
    4.2. Zweitore mit zwei Widerständen   66
    4.3. Zweitore mit drei Widerständen   70
    4.4. Äquivalente T- und π-Zweitore   72
    4.5. X-Zweitor und Allpaß   74
    4.6. Beispiele linearer Zweitore   78
5. Linearer Übertrager (Lufttransformator)   84
    5.1. Verlustloser Übertrager   86
    5.2. Streuungsfreier Übertrager   89
    5.3. Idealer Übertrager   90
    5.4. Gyrator   93
6. Betriebsdämpfung (I)   94
7. Ersatzschaltungen   97
    7.1. Ersatz-T-Zweitor   97
    7.2. Ersatz-π-Zweitor   98
    7.3. Ersatz-X-Zweitor   103

8. Gesteuerte Quellen	104
8.1. Ersatzschaltung für die Leitwertform	105
8.2. Ersatzschaltung für die Hybridform	107
9. Der Transistor als Zweitor	110
9.1. Transistorgrundschaltungen und ihre Zweitorparameter	111
9.2. Umrechnung der Zweitorparameter	115
10. Wellenbeschreibung des Zweitors	119
10.1. Wellenbeschreibung des einfachen Stromkreises (I)	120
10.2. Wellenbeschreibung des einfachen Stromkreises (II)	123
10.3. Wellenbeschreibung des Zweitors	125
11. Streuform der Zweitorgleichungen	127
11.1. Ableitung der Streuform	127
11.2. Umrechnung der Zweitorparameter	129
11.3. Beispiele	134
11.4. Streuparameter	137
11.5. Eingangs- und Ausgangsreflektionsfaktor	140
11.6. Betriebsdämpfung (II)	144
12. Betriebskettenform der Zweitorgleichungen	147
12.1. Umrechnung der Wellenparameter	148
12.2. Kettenschaltung (II)	153
Anhang	158
Weiterführende Bücher	158
Einführung in die Matrizenrechnung	158
Formelzeichen	164
Sachverzeichnis	167

1. Grundaufgabe der Zweitortheorie

Elektrische Schaltungen zur Übertragung oder Verarbeitung von Energien oder Informationen lassen sich oft auf Systeme zurückführen, die von "außen" gesehen nur zwei Anschlußebenen haben, die als zwei Klemmenpaare oder als zwei Koaxial- bzw. Hohlleiterkupplungen, kurz Konnektoren genannt, ausgeführt sind. Verallgemeinernd nennt man diese Anschlüsse _Tore_, die betrachteten Schaltungen _Zweitore_. Übertrager, Siebschaltungen, Verstärker, Leitungen und Schaltungen aus Leitungsbauelementen sind dafür Beispiele (Bild 1).

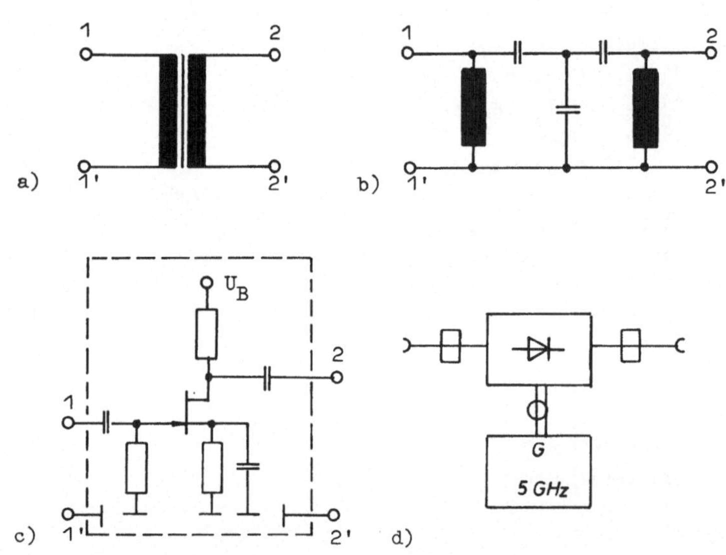

Bild 1   Beispiele für Zweitore
   a) Übertrager
   b) Siebschaltung (Bandfilter)
   c) Verstärker
   d) Schaltung aus Leitungsbauelementen

Die rechnerische Behandlung solcher Schaltungen ist oft verwickelt und unübersichtlich. So gelten z.B. für Transistoren physikalische Ersatzschaltungen, die für eine Einordnung in eine größere Schaltung viel zu kompliziert sind. Die Zweitortheorie gestattet es nun, unter bestimmten Voraussetzungen Schaltungen bzw. Teile davon auf sogenannte "schwarze Kästen" mit nur zwei Klemmenpaaren bzw. Konnektoren zu vereinfachen, auf <u>Zweitore</u>. Dadurch werden sie der Behandlung mit einer geschlossenen Theorie und einheitlichen Rechenverfahren zugänglich gemacht.

<u>Grundaufgabe der Zweitortheorie.</u> Es ist Aufgabe der Zweitortheorie, geeignete Formalismen (Matrizen) bereitzustellen, die den "schwarzen Kasten" Zweitor <u>vollständig</u> beschreiben. Mit diesen Zweitormatrizen muß auch die Zusammenschaltung des Zweitors mit seiner elektrischen Umgebung erfaßt und berechnet werden können. Werden Zweitormatrizen aufgestellt, so ist es wesentlich, daß ausschließlich Größen verwendet werden, die durch Messungen von außen her zugänglich sind, also durch Messungen an den Toren des Zweitors. Dabei werden bestimmte Ersatzschaltungen des Zweitors vorausgesetzt.

<u>Tore.</u> Ein- und Ausgänge, die Tore eines Zweitors, sind Klemmenpaare oder Leitungskupplungen (Konnektoren). Vereinfacht gilt: Bei Schaltungen für "niedrige" Frequenzen, deren Wellenlängen groß gegen die geometrischen Abmessungen der Bauelemente und Leitungen sind, werden die Tore durch Klemmenpaare realisiert. Die von außen zugänglichen Größen sind Ströme und Spannungen. In Schaltungen für "höhere" Frequenzen, deren Wellenlängen in der Größenordnung der Abmessungen der Bauelemente und Leitungen liegen, sind die Tore Konnektoren (z.B. Koaxialkupplungen oder Hohlleiterflansche). Die von außen zugänglichen Größen sind hierbei ein- und auslaufende Wellengrößen, die über elektrische und magnetische Transversalfeldstärken mit Mitteln der Höchstfrequenztechnik gemessen werden können.

Man erkennt also, daß abhängig von der Betriebsfrequenz zwei verschiedene Meßmethoden angewendet werden müssen. Die beiden recht verschiedenen Zweitorarten werden daher auch im Folgenden getrennt behandelt. Zunächst wird die konventionelle Zweitortheorie ("Vierpoltheorie") in Abschn. 2 bis 9 dargestellt, danach in Abschn. 10 bis 12 die neuere Wellenbeschreibung des Zweitors. Wir werden aber sehen, daß sich die Wellenbeschreibung aus der klassischen Vierpoltheorie herleiten läßt und daß beide Darstellungsarten ineinander überführbar sind. Man kann daher die Wellendarstellung auch ohne tiefere Kenntnisse der Leitungstheorie verstehen, wenngleich die richtige Anwendung dieser Form der Zweitortheorie entsprechende Kenntnisse der Höchstfrequenztechnik voraussetzt.

<u>Zweitor und seine elektrische Umgebung.</u> Ein Zweitor ist keine isolierte Schaltung. Er ist vielmehr immer Teil einer größeren Schaltung. Mit seinen beiden Toren ist das Zweitor an seine elektrische Umgebung angeschlossen. Diese Zusammenschaltung kann auf das einfache Modell <u>Sender-Zweitor-Empfänger</u> zurückgeführt werden (Bild 2a). Als Sender kann man vereinfachend die Ersatzschaltungen elektrischer Quellen (Quellenspannung $\underline{U}_q$, Innenwiderstand $\underline{Z}_i$) benutzen, der Empfänger kann durch seinen Eingangswiderstand $\underline{Z}_e$ ersetzt werden (Bild 2b).

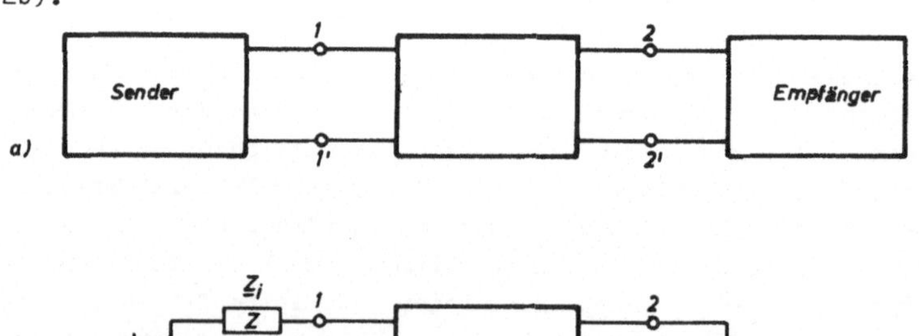

Bild 2 Modell Sender-Zweitor-Empfänger

2. Lineare Zweitore

In diesem Skriptum werden nur <u>lineare, passive Zweitore</u> behandelt. Bei der Untersuchung von Transistoren wird allerdings die Voraussetzung der Passivität aufgegeben. Die Begriffe Linearität und Passivität werden hier in einem vereinfachten Sinne benutzt: Lineare Zweitore sollen nur lineare Bauelemente enthalten, also Bauelemente, deren Kennwerte nicht von Strom, Spannung oder der Zeit abhängen. Passive Zweitore sollen keine elektrischen Quellen enthalten.

Ströme und Spannungen an und in den Zweitoren sollen <u>sinusförmig</u> sein. Da für lineare Netze der Überlagerungssatz gilt, können die Gesetze der Zweitortheorie auch auf periodische, nichtsinusförmige Ströme und Spannungen ausgedehnt werden (z.B. mit Fourieranalyse bzw. Laplace-Transformation).

2.1. Zweitor und Zweitorgleichungen

Der allgemeine Betriebsfall eines Zweitors wird durch das Modell Sender-Zweitor-Empfänger in Bild 2 nachgebildet. Dabei stellen sich in diesem Netz bestimmte Ströme und Spannungen ein. Um das Zweitor besonders hervorzuheben, zeichnet man es <u>ohne Sender und Empfänger</u> (Bild 3). Die Zählrichtungen der Ströme und Spannungen am Zweitor werden nach den Empfehlungen in DIN 5489 vereinbart. Eingangsgrößen erhalten den Index 1, Ausgangsgrößen den Index 2. Aus praktischen Gründen werden für den Ausgangsstrom $\underline{I}_2$ zwei Zählrichtungen vereinbart, nämlich nach dem symmetrischen

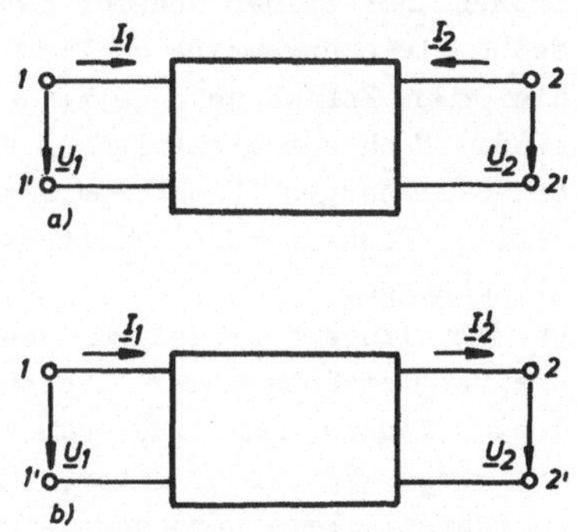

Bild 3   Zweitor mit symmetrischem (a) und Kettenpfeilsystem (b)

Pfeilsystem (Bild 3a) und nach dem Kettenpfeilsystem (Bild 3b). Es gilt $\underline{I}_2' = -\underline{I}_2$. Überall dort, wo es auf eine <u>gleich-artige</u> Betrachtungsweise von <u>Eingang und Ausgang</u> eines Zweitors ankommt, ist das symmetrische Pfeilsystem von Vorteil. So lassen sich die Eingangs- und Ausgangswiderstände beliebig abgeschlossener Zweitore elektrisch sinnvoll formulieren (s. Abschn. 2.8). Ganz allgemein wird ein Zweitor einfach und ohne Vorzeichenkomplikationen <u>umkehrbar</u> (s. Abschn. 2.7). Bei der Kettenschaltung von Zweitoren (s. Abschn. 3.3) ist dagegen das Kettenpfeilsystem sinnvoller. Nur damit lassen sich die Regeln der Matrizenrechnung auch auf die Kettenschaltung formal richtig anwenden (Gl. (85), S. 53). Darüberhinaus ist es elektrisch sinnfälliger, wenn bei einer Kettenschaltung der Ausgangsstrom $\underline{I}_{2A}'$ des ersten·Zweitors zugleich der Eingangsstrom $\underline{I}_{1B}$ des nachfolgenden zweiten ist (Bild 24, S. 53).

<u>Zweitorgleichungen.</u> An einem Zweitor (Bild 3) sind von außen vier Größen meßbar, die Ströme $\underline{I}_1$ und $\underline{I}_2$ und die Spannungen $\underline{U}_1$ und $\underline{U}_2$. Zwischen diesen vier Größen lassen sich paarweise Gleichungen aufstellen. Zwei Größen werden immer als Funktionen der beiden anderen dargestellt. Auf diese Weise sind sechs Gleichungspaare möglich. In diesem Skriptum werden nur die vier Formen behandelt, die technisch besonders wichtig sind. Nach der elektrischen Bedeutung der Koeffizienten dieser Gleichungen (Zweitorparameter) spricht man von der Leitwert-, Widerstands-, Ketten- und Hybridform der Zweitorgleichungen.
Da für lineare Netze der Überlagerungssatz gilt, können die Zweitorgleichungen als lineare Gleichungen aufgestellt werden. Danach ist z.B. jeder Strom an einem linearen Zweitor die Summe der Komponenten, die von den einzelnen Spannungen herrühren. Eine besonders <u>einfache Schreibweise</u> der Zweitorgleichungen erhält man schließlich, wenn man sie in <u>Matrizenform</u> schreibt. Über Matrizen und Matrizenrechnung s. [2] und im Anhang.

<u>Tafel 1</u> Zweitorgleichungen

Leitwertform

$$\underline{I}_1 = \underline{Y}_{11}\underline{U}_1 + \underline{Y}_{12}\underline{U}_2$$
$$\underline{I}_2 = \underline{Y}_{21}\underline{U}_1 + \underline{Y}_{22}\underline{U}_2 \tag{1}$$

$$\begin{bmatrix} \underline{I}_1 \\ \underline{I}_2 \end{bmatrix} = (\underline{Y})\begin{bmatrix} \underline{U}_1 \\ \underline{U}_2 \end{bmatrix} \qquad (\underline{Y}) = \begin{bmatrix} \underline{Y}_{11} & \underline{Y}_{12} \\ \underline{Y}_{21} & \underline{Y}_{22} \end{bmatrix} \tag{2}$$

Widerstands-
form

$$\underline{U}_1 = \underline{Z}_{11}\underline{I}_1 + \underline{Z}_{12}\underline{I}_2$$
$$\underline{U}_2 = \underline{Z}_{21}\underline{I}_1 + \underline{Z}_{22}\underline{I}_2 \tag{3}$$

$$\begin{bmatrix} \underline{U}_1 \\ \underline{U}_2 \end{bmatrix} = (\underline{Z})\begin{bmatrix} \underline{I}_1 \\ \underline{I}_2 \end{bmatrix} \qquad (\underline{Z}) = \begin{bmatrix} \underline{Z}_{11} & \underline{Z}_{12} \\ \underline{Z}_{21} & \underline{Z}_{22} \end{bmatrix} \tag{4}$$

Kettenform

$$\underline{U}_1 = \underline{A}_{11}\underline{U}_2 + \underline{A}_{12}\underline{I}_2'$$
$$\underline{I}_1 = \underline{A}_{21}\underline{U}_2 + \underline{A}_{22}\underline{I}_2' \tag{5}$$

$$\begin{bmatrix} \underline{U}_1 \\ \underline{I}_1 \end{bmatrix} = (\underline{A})\begin{bmatrix} \underline{U}_2 \\ \underline{I}_2' \end{bmatrix} \qquad (\underline{A}) = \begin{bmatrix} \underline{A}_{11} & \underline{A}_{12} \\ \underline{A}_{21} & \underline{A}_{22} \end{bmatrix} \tag{6}$$

Hybridform

$$\underline{U}_1 = \underline{h}_{11}\underline{I}_1 + \underline{h}_{12}\underline{U}_2$$
$$\underline{I}_2 = \underline{h}_{21}\underline{I}_1 + \underline{h}_{22}\underline{U}_2 \tag{7}$$

$$\begin{bmatrix} \underline{U}_1 \\ \underline{I}_2 \end{bmatrix} = (\underline{h})\begin{bmatrix} \underline{I}_1 \\ \underline{U}_2 \end{bmatrix} \qquad (\underline{h}) = \begin{bmatrix} \underline{h}_{11} & \underline{h}_{12} \\ \underline{h}_{21} & \underline{h}_{22} \end{bmatrix} \tag{8}$$

<u>Leitwertform.</u> Stellt man die Ströme $\underline{I}_1$ und $\underline{I}_2$ als lineare Funktionen der Spannungen $\underline{U}_1$ und $\underline{U}_2$ dar, so erhält man die Leitwertform der Zweitorgleichungen (1) und (2). Die komplexen Koeffizienten $\underline{Y}_{11}$ bis $\underline{Y}_{22}$ haben die Dimension von Leitwerten, sie werden daher Leitwertparameter genannt.

<u>Widerstandsform.</u> Stellt man die Spannungen $\underline{U}_1$ und $\underline{U}_2$ als lineare Funktionen der Ströme $\underline{I}_1$ und $\underline{I}_2$ dar, so erhält man die Widerstandsform der Zweitorgleichungen (3) und (4).

Die komplexen Koeffizienten $\underline{Z}_{11}$ bis $\underline{Z}_{22}$ haben die Dimension von Widerständen, sie heißen daher Widerstandsparameter.

Kettenform. Stellt man die Eingangsgrößen $\underline{U}_1$ und $\underline{I}_1$ als Funktionen der Ausgangsgrößen $\underline{U}_2$ und $\underline{I}_2'$ dar, so erhält man die Kettenform der Zweitorgleichungen (5) und (6). Die komplexen Kettenparameter $\underline{A}_{11}$ bis $\underline{A}_{22}$ haben die Dimensionen von Widerstand und Leitwert oder sind dimensionslos.

Hybridform. Stellt man die Eingangsspannung $\underline{U}_1$ und den Ausgangsstrom $\underline{I}_2$ als Funktionen der Ausgangsspannung $\underline{U}_2$ und des Eingangsstroms $\underline{I}_1$ dar, so erhält man die Hybridform der Zweitorgleichungen. Die komplexen Hybridparameter $\underline{h}_{11}$ bis $\underline{h}_{22}$ haben die Dimensionen von Leitwert und Widerstand oder sind dimensionslos. Die Hybridform wird besonders zur Beschreibung von Transistoren herangezogen, Hybridparameter sind typische Transistorkennwerte (s. Abschn. 9).

2.2. Zweitorparameter

Sollen Zweitormatrizen aufgestellt werden, so dürfen nur Größen verwendet werden, die an den beiden Klemmenpaaren, also außerhalb des Zweitors, gemessen werden können. Im Prinzip müssen sich daher alle Zweitorparameter durch Messungen der Spannungen $\underline{U}_1$ und $\underline{U}_2$ und der Ströme $\underline{I}_1$ und $\underline{I}_2$ ermitteln lassen. Jede Form der Zweitorgleichungen enthält vier unbekannte Parameter. Um sie zu bestimmen, sind vier Bestimmungsgleichungen notwendig. Realisiert man nun jede der zwei Zweitorgleichungen einer Form zweimal, indem man das Zweitor unter zwei verschiedenen Bedingungen betreibt, so erhält man vier Gleichungen zur Bestimmung der vier Parameter einer Form. Damit ist zunächst die grundsätzliche Möglichkeit der Parameterbestimmung aufgezeigt.

Zur Bestimmung der Zweitorparameter sind also Messungen unter zwei verschiedenen Betriebsbedingungen des Zweitors erforderlich. So lassen sich für ein spezielles Zweitor aus den vielfältigen möglichen Betriebszuständen sicher immer zwei meßtechnisch geeignete finden. Solch eine Auswahl ist nicht allgemeingültig. Will man jedoch für alle Zweitore verwendbare Meß- und Betriebsbedingungen für die Parameterbestimmung angeben, so müssen diese besonders einfach und eindeutig zu realisieren sein. Messungen unter <u>Kurzschluß-</u> und <u>Leerlaufbedingungen</u> an jeweils einem Klemmenpaar sind besonders einfach auszuführen (Bild 4). Dabei ergeben sich besonders prägnante Bestimmungsgleichungen für die Zweitorparameter, und sie bekommen eine besondere elektrische Bedeutung. Es ergeben sich auch Möglichkeiten zu ihrer meßtechnischen Bestimmung.

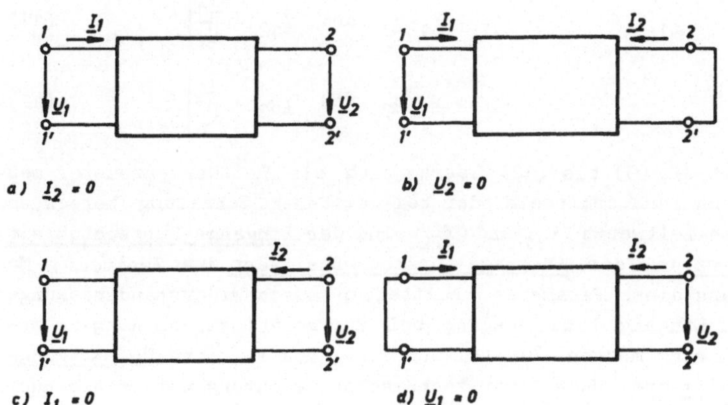

Bild 4 Bestimmung der Zweitorparameter
　　　　a) Leerlauf an den Ausgangsklemmen
　　　　b) Kurzschluß an den Ausgangsklemmen
　　　　c) Leerlauf an den Eingangsklemmen
　　　　d) Kurzschluß an den Eingangsklemmen

<u>Bestimmung der Leitwertparameter.</u> Die Leitwertparameter werden durch Kurzschlußmessungen bestimmt. Setzt man die Bedingung $U_2 = 0$ (Kurzschluß an den Ausgangsklemmen, Bild 4b) in das Gleichungspaar (1) ein, so erhält man die Bestimmungsgleichungen (9) und (10) für die Leitwertparameter Y_{11} und Y_{21}.

Mit $\underline{U}_2 = 0$ gilt $\underline{I}_1 = \underline{Y}_{11}\underline{U}_1$ und $\underline{Y}_{11} = \dfrac{\underline{I}_1}{\underline{U}_1}\bigg|_{\underline{U}_2\,=\,0}$ \qquad (9)

$$\underline{I}_2 = \underline{Y}_{21}\underline{U}_1 \quad \text{und} \quad \underline{Y}_{21} = \dfrac{\underline{I}_2}{\underline{U}_1}\bigg|_{\underline{U}_2\,=\,0} \qquad (10)$$

Setzt man die Bedingung $\underline{U}_1 = 0$ (Kurzschluß an den Eingangs-klemmen, Bild 4d) in das Gleichungspaar (1) ein, so erhält man die Bestimmungsgleichungen (11) und (12) für die Leitwertparameter $\underline{Y}_{12}$ und $\underline{Y}_{22}$, also

$$\underline{U}_1 = 0 \qquad\qquad \underline{I}_1 = \underline{Y}_{12}\underline{U}_2 \quad \text{und} \quad \underline{Y}_{12} = \dfrac{\underline{I}_1}{\underline{U}_2}\bigg|_{\underline{U}_1\,=\,0} \qquad (11)$$

$$\underline{I}_2 = \underline{Y}_{22}\underline{U}_2 \quad \text{und} \quad \underline{Y}_{22} = \dfrac{\underline{I}_2}{\underline{U}_2}\bigg|_{\underline{U}_1\,=\,0} \qquad (12)$$

Mit Gl. (9) bis (12) lassen sich die Leitwertparameter meß-technisch ermitteln oder bei gegebener Schaltung berechnen. Die Leitwerte $\underline{Y}_{11}$ und $\underline{Y}_{22}$ sind der <u>Eingangs-Kurzschlußleitwert</u> und der <u>Ausgangs-Kurzschlußleitwert</u> des Zweitors. Man kann diese Parameter unmittelbar durch Widerstandsmessungen am Eingang bzw. Ausgang bei kurzgeschlossenem Ausgang bzw. Eingang messen. Die Leitwerte $\underline{Y}_{12}$ und $\underline{Y}_{21}$ sind <u>Übertragungs-leitwerte</u>. Nach ihrer technischen Bedeutung werden sie <u>Rück-wirkungsleitwert</u> und <u>Steilheit</u> genannt. Ihre Messung ist un-ter Umständen schwierig, da sie sich aus Eingangs- <u>und</u> Aus-gangsgrößen zusammensetzen. Besondere meßtechnischen Proble-me entstehen, wenn neben dem Betrag der Übertragungsleitwer-te auch deren Phase bestimmt werden soll (z.B. bei der Mes-sung der Zweitorparameter von Transistoren).

<u>Beispiel 1:</u> Für ein Zweitor nach Bild 5 (π-Zweitor) mit den Wirkwiderständen $R_1 = 100\,\Omega$, $R_2 = 50\,\Omega$ und $R_3 = 200\,\Omega$ ist die Leit-wertmatrix aufzustellen.

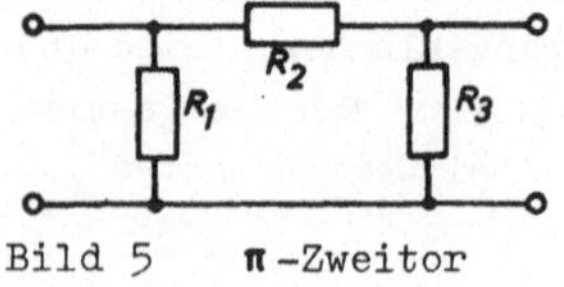

Bild 5 π-Zweitor

Am einfachsten lassen sich die Eingangs- und Ausgangs-Kurzschlußleitwerte $\underline{Y}_{11}$ und $\underline{Y}_{22}$ bestimmen. Denkt man sich die
Ausgangsklemmen 2-2' des Zweitors kurzgeschlossen (Bild 6a),
so ist der Leitwert zwischen den Klemmen 1-1' der <u>Eingangs-
Kurzschlußleitwert</u>

$$\underline{Y}_{11} = 1/R_1 + 1/R_2 = 1/100\,\Omega + 1/50\,\Omega = 30 \text{ mS}$$

Ähnlich (Bild 6b) findet man den Ausgangs-Kurzschlußleitwert

$$\underline{Y}_{22} = 1/R_3 + 1/R_2 = 1/200\,\Omega + 1/50\,\Omega = 25 \text{ mS}$$

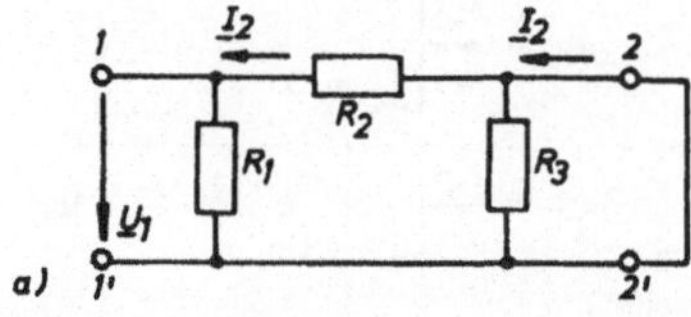 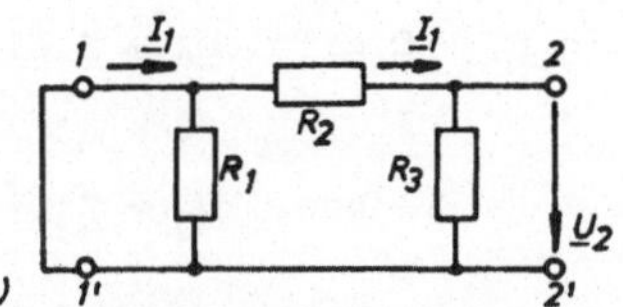

a) b)

Bild 6 π-Zweitor
   a) mit kurzgeschlossenem Ausgang zur Bestimmung der
      Leitwerte $\underline{Y}_{11}$ bzw. $\underline{Y}_{21}$
   b) mit kurzgeschlossenem Eingang zur Bestimmung der
      Leitwerte $\underline{Y}_{12}$ bzw. $\underline{Y}_{22}$

Die Übertragungsleitwerte $\underline{Y}_{12}$ und $\underline{Y}_{21}$ kann man ebenfalls mit
dem Zweitorschaltbild bestimmen. Dazu kennzeichnet man in
Bild 6 neben dem jeweiligen Kurzschluß Ströme und Spannungen.
Mit Bild 6a erhält man die <u>Steilheit</u>

$$\underline{Y}_{21} = \left.\frac{\underline{I}_2}{\underline{U}_1}\right|_{\underline{U}_2 = 0} = -1/R_2 = -1/50\,\Omega = -20 \text{ mS}$$

und mit Bild 6b den <u>Rückwirkungsleitwert</u>

$$\underline{Y}_{12} = \left.\frac{\underline{I}_1}{\underline{U}_2}\right|_{\underline{U}_1 = 0} = -1/R_2 = -1/50\,\Omega = -20 \text{ mS}$$

Das Zweitor nach Bild 5 (S. 16) hat damit die Leitwertmatrix

$$(\underline{Y}) = \begin{bmatrix} 30 \text{ mS} & -20 \text{ mS} \\ -20 \text{ mS} & 25 \text{ mS} \end{bmatrix} = \begin{bmatrix} 30 & -20 \\ -20 & 25 \end{bmatrix} \text{mS}$$

Bestimmung der Widerstandsparameter. Die Widerstandsparameter werden durch Leerlaufmessungen bestimmt. Setzt man die Bedingung $\underline{I}_2 = 0$ (Leerlauf an den Ausgangsklemmen 2-2', Bild 4a, S. 15) in das Gleichungspaar

$$\begin{aligned}
\underline{U}_1 &= \underline{Z}_{11}\underline{I}_1 + \underline{Z}_{12}\underline{I}_2 \\
\underline{U}_2 &= \underline{Z}_{21}\underline{I}_1 + \underline{Z}_{22}\underline{I}_2
\end{aligned} \tag{3}$$

ein, so erhält man Bestimmungsgleichungen für die Widerstandsparameter $\underline{Z}_{11}$ und $\underline{Z}_{21}$.

Für $\underline{I}_2 = 0$ gilt $\underline{U}_1 = \underline{Z}_{11}\underline{I}_1$ und $\quad \underline{Z}_{11} = \left.\dfrac{\underline{U}_1}{\underline{I}_1}\right|_{\underline{I}_2 = 0} \tag{13}$

bzw. $\underline{U}_2 = \underline{Z}_{21}\underline{I}_1$ und $\quad \underline{Z}_{21} = \left.\dfrac{\underline{U}_2}{\underline{I}_1}\right|_{\underline{I}_2 = 0} \tag{14}$

Setzt man die Bedingung $\underline{I}_1 = 0$ (Leerlauf an den Eingangsklemmen 1-1', Bild 4c, S. 15) in das Gleichungspaar (3) ein, so erhält man Bestimmungsgleichungen für die Widerstandsparameter $\underline{Z}_{12}$ und $\underline{Z}_{22}$.

Für $\underline{I}_1 = 0$ gilt $\underline{U}_1 = \underline{Z}_{12}\underline{I}_2$ und $\quad \underline{Z}_{12} = \left.\dfrac{\underline{U}_1}{\underline{I}_2}\right|_{\underline{I}_1 = 0} \tag{15}$

bzw. $\underline{U}_2 = \underline{Z}_{22}\underline{I}_2$ und $\quad \underline{Z}_{22} = \left.\dfrac{\underline{U}_2}{\underline{I}_2}\right|_{\underline{I}_1 = 0} \tag{16}$

Mit Gl. (13) bis (16) lassen sich die Widerstandsparameter meßtechnisch ermitteln oder bei gegebener Schaltung berechnen. Die Widerstände $\underline{Z}_{11}$ und $\underline{Z}_{22}$ sind der <u>Leerlauf-Eingangs-</u> und <u>Leerlauf-Ausgangswiderstand</u> des Zweitors. Sie können unmittelbar durch Widerstandsmessungen am Eingang bzw. Ausgang bei leerlaufendem Ausgang bzw. Eingang bestimmt werden. Die Widerstandsparameter $\underline{Z}_{12}$ und $\underline{Z}_{21}$ sind Übertragungswiderstände und heißen <u>Kernwiderstand vorwärts</u> und <u>Kernwiderstand rückwärts</u>. Ihre Messung ist unter Umständen schwierig, da sie sich aus Eingangs- und Ausgangsgrößen zusammensetzen.

<u>Beispiel 2:</u> Für das T-Zweitor nach Bild 7 mit den Wirkwiderständen R_1 = 1 kΩ und R_2 = 2 kΩ und der Kapazität C = 5 nF soll für die Frequenz f = 20 kHz die Widerstandsmatrix aufge- stellt werden.

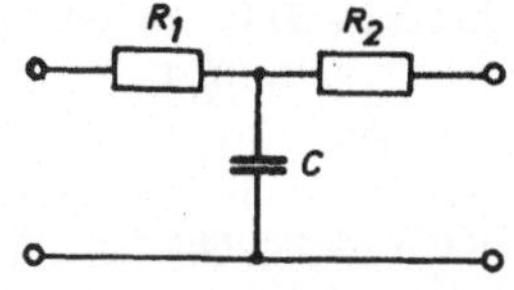

Bild 7   T-Zweitor

Zur Bestimmung des Leerlauf-Eingangswiderstandes $\underline{Z}_{11}$ denkt man sich das Klemmenpaar 2-2' offen (Bild 8a) und ermittelt den Widerstand zwischen den Klemmen 1-1'. Ähnlich findet man den Ausgangs-Leerlaufwiderstand $\underline{Z}_{22}$, indem man sich das Klemmenpaar 2-2' offen denkt und den Widerstand zwischen den Klemmen 2-2' bestimmt (Bild 8b).

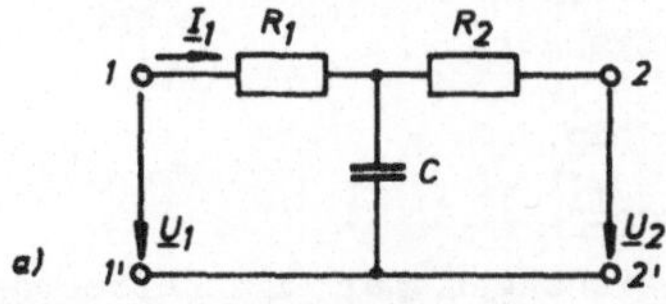

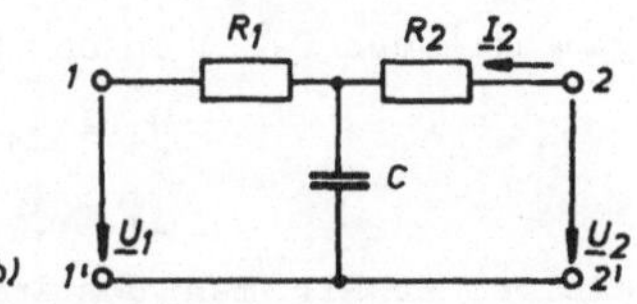

Bild 8   T-Zweitor

        a) mit leerlaufendem Ausgang zur Bestimmung der Wi- derstände $\underline{Z}_{11}$ und $\underline{Z}_{21}$

        b) mit leerlaufendem Eingang zur Bestimmung der Wi- derstände $\underline{Z}_{12}$ und $\underline{Z}_{22}$

Mit der Kreisfrequenz $\omega = 2\pi f = 2\pi \cdot 20$ kHz $= 1{,}26 \cdot 10^5$ s^{-1} und dem Blindwiderstand $1/\omega C = 1/1{,}26 \cdot 10^5$ s^{-1} 5 nF $= 1{,}59$ kΩ findet man den <u>Eingangs-Leerlaufwiderstand</u>

$$\underline{Z}_{11} = R_1 - j(1/\omega C) = (1 - j1{,}59)\ \text{kΩ}$$

und den <u>Ausgangs-Leerlaufwiderstand</u>

$$\underline{Z}_{22} = R_2 - j(1/\omega C) = (2 - j1{,}59)\ \text{kΩ}$$

Die Kernwiderstände $\underline{Z}_{12}$ und $\underline{Z}_{21}$ ermittelt man auch mit dem Zweitorschaltbild. Dazu kennzeichnet man im Schaltbild neben dem jeweiligen Leerlauf Ströme und Spannungen (Bild 8). Mit Bild 8a findet man den <u>Kernwiderstand vorwärts</u>

$$\underline{Z}_{21} = \underline{U}_2/\underline{I}_1 \Big|_{\underline{I}_2 = 0} = -j(1/\omega C) = -j1{,}59\ \text{kΩ}$$

und mit Bild 8b den <u>Kernwiderstand rückwärts</u>

$$\underline{Z}_{12} = \left.\frac{\underline{U}_1}{\underline{I}_2}\right|_{\underline{I}_1 = 0} = -j(1/\omega C) = -j1,59 \text{ k}\Omega$$

Die <u>Widerstandsmatrix</u> des Zweitors lautet damit

$$(\underline{Z}) = \begin{bmatrix} 1 - j1,59 & -j1,59 \\ -j1,59 & 2 - j1,59 \end{bmatrix} \text{ k}\Omega$$

<u>Bestimmung der Kettenparameter.</u> Die Kettenparameter werden durch <u>Leerlauf-</u> und <u>Kurzschlußmessungen</u> bestimmt. Dazu werden die Ausgangsklemmen des Zweitors einmal im Leerlauf betrieben (Bild 4a, S. 15) und dann kurzgeschlossen (Bild 4b, S. 15). Setzt man die Bedingung $\underline{I}_2' = 0$ (Leerlauf der Ausgangsklemmen 2-2') in das Gleichungspaar

$$\begin{aligned} \underline{U}_1 &= \underline{A}_{11}\underline{U}_2 + \underline{A}_{12}\underline{I}_2' \\ \underline{I}_1 &= \underline{A}_{21}\underline{U}_2 + \underline{A}_{22}\underline{I}_2' \end{aligned} \tag{5}$$

ein, so erhält man Bestimmungsgleichungen für die Kettenparameter $\underline{A}_{11}$ und $\underline{A}_{21}$.

$$\text{Für } \underline{I}_2' = 0 \text{ gilt } \underline{U}_1 = \underline{A}_{11}\underline{U}_2 \quad \text{und} \quad \underline{A}_{11} = \left.\frac{\underline{U}_1}{\underline{U}_2}\right|_{\underline{I}_2' = 0} \tag{17}$$

$$\text{bzw. } \underline{I}_1 = \underline{A}_{21}\underline{U}_2 \quad \text{und} \quad \underline{A}_{21} = \left.\frac{\underline{I}_1}{\underline{U}_2}\right|_{\underline{I}_2' = 0} \tag{18}$$

Setzt man die Bedingung $\underline{U}_2 = 0$ (Kurzschluß der Ausgangsklemmen 2-2', Bild 4b, S. 15) in das Gleichungspaar (5) ein, so erhält man Bestimmungsgleichungen für die Kettenparameter $\underline{A}_{12}$ und $\underline{A}_{21}$.

$$\text{Für } \underline{U}_2 = 0 \text{ gilt } \underline{U}_1 = \underline{A}_{12}\underline{I}_2' \quad \text{und} \quad \underline{A}_{12} = \left.\frac{\underline{U}_1}{\underline{I}_2'}\right|_{\underline{U}_2 = 0} \tag{19}$$

$$\text{bzw. } \underline{I}_1 = \underline{A}_{22}\underline{I}_2' \quad \text{und} \quad \underline{A}_{22} = \left.\frac{\underline{I}_1}{\underline{I}_2'}\right|_{\underline{U}_2 = 0} \tag{20}$$

Die Kettenparameter $\underline{A}_{11}$ und $\underline{A}_{22}$ haben einfache elektrische Bedeutungen und lassen sich auch verhältnismäßig leicht

messen. Der Kettenparameter $\underline{A}_{11}$ beschreibt das Spannungsverhältnis zwischen Eingang und Ausgang bei leerlaufendem Ausgang und heißt daher <u>reziproke Spannungsübersetzung</u>, der Parameter $\underline{A}_{22}$ das Stromverhältnis zwischen Eingang und Ausgang
bei kurzgeschlossenem Ausgang und wird <u>reziproke Kurzschluß-
Stromübersetzung</u> genannt. Beide Parameter sind dimensions-
los. Die Kettenparameter $\underline{A}_{12}$ und $\underline{A}_{21}$ heißen <u>negative, reziproke Steilheit</u> und <u>reziproker Kernwiderstand vorwärts</u>.

<u>Bestimmung der Hybridparameter.</u> Wendet man die oben benutz-
ten Verfahren sinngemäß auf das Hybridgleichungspaar (7) an,
so erhält man auch für die Hybridparameter Bestimmungsgleichungen.

<u>Tafel 2</u> Bestimmung und Benennung der Zweitorparameter

<u>Leitwertparameter</u>

Eingangs-Kurzschlußleitwert $\qquad \underline{Y}_{11} = \left.\dfrac{\underline{I}_1}{\underline{U}_1}\right|_{\underline{U}_2 = 0}$ $\qquad$ (21)

Rückwirkungsleitwert $\qquad \underline{Y}_{12} = \left.\dfrac{\underline{I}_1}{\underline{U}_2}\right|_{\underline{U}_1 = 0}$ $\qquad$ (22)

Steilheit $\qquad \underline{Y}_{21} = \left.\dfrac{\underline{I}_2}{\underline{U}_1}\right|_{\underline{U}_2 = 0}$ $\qquad$ (23)

Ausgangs-Kurzschlußleitwert $\qquad \underline{Y}_{22} = \left.\dfrac{\underline{I}_2}{\underline{U}_2}\right|_{\underline{U}_1 = 0}$ $\qquad$ (24)

<u>Widerstandsparameter</u>

Eingangs-Leerlaufwiderstand $\qquad \underline{Z}_{11} = \left.\dfrac{\underline{U}_1}{\underline{I}_1}\right|_{\underline{I}_2 = 0}$ $\qquad$ (25)

Kernwiderstand rückwärts $\qquad \underline{Z}_{12} = \left.\dfrac{\underline{U}_1}{\underline{I}_2}\right|_{\underline{I}_1 = 0}$ $\qquad$ (26)

Kernwiderstand vorwärts $\qquad \underline{Z}_{21} = \left.\dfrac{\underline{U}_2}{\underline{I}_1}\right|_{\underline{I}_2 = 0}$ $\qquad$ (27)

Ausgangs-Leerlaufwiderstand $\qquad \underline{Z}_{22} = \left.\dfrac{\underline{U}_2}{\underline{I}_2}\right|_{\underline{I}_1 = 0}$ $\qquad$ (28)

<u>Tafel 2</u> (Fortsetzung)

<u>Kettenparameter</u>

Reziproke Spannungsübersetzung $\qquad \underline{A}_{11} = \dfrac{U_1}{U_2}\bigg|_{\underline{I}_2' = 0}$ $\qquad$ (29)

Negative, reziproke Steilheit $\qquad \underline{A}_{12} = \dfrac{U_1}{\underline{I}_2'}\bigg|_{\underline{U}_2 = 0}$ $\qquad$ (30)

Reziproker Kernwiderstand
vorwärts $\qquad \underline{A}_{21} = \dfrac{I_1}{U_2}\bigg|_{\underline{I}_2' = 0}$ $\qquad$ (31)

Reziproke Kurzschluß-Strom-
übersetzung $\qquad \underline{A}_{22} = \dfrac{I_1}{\underline{I}_2'}\bigg|_{\underline{U}_2 = 0}$ $\qquad$ (32)

<u>Hybridparameter</u>

Kurzschluß-Eingangswiderstand $\qquad \underline{h}_{11} = \dfrac{U_1}{I_1}\bigg|_{\underline{U}_2 = 0}$ $\qquad$ (33)

Leerlauf-Spannungsrückwirkung $\qquad \underline{h}_{12} = \dfrac{U_1}{U_2}\bigg|_{\underline{I}_1 = 0}$ $\qquad$ (34)

Kurzschluß-Stromverstärkung $\qquad \underline{h}_{21} = \dfrac{I_2}{I_1}\bigg|_{\underline{U}_2 = 0}$ $\qquad$ (35)

Leerlauf-Ausgangsleitwert $\qquad \underline{h}_{22} = \dfrac{I_2}{U_2}\bigg|_{\underline{I}_1 = 0}$ $\qquad$ (36)

<u>Beispiel 3:</u> Für ein Zweitor nach Bild 3 (frequenzabhängiger Spannungsteiler) mit dem Wirkwiderstand R = 1 kΩ und der Kapazität C = 20 nF sind für die Frequenz f = 15 kHz die Leitwert-, Widerstands- und Kettenmatrix aufzustellen.

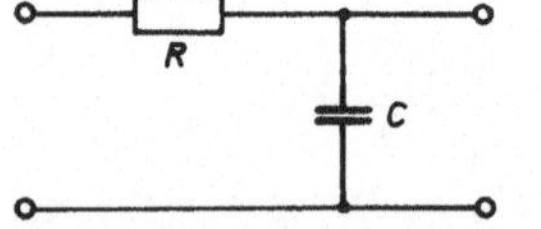

Bild 9   Frequenzabhängiger
$\qquad\qquad$ Spannungsteiler

Die <u>Leitwertparameter</u> findet man mit den Kurzschlußschaltungen nach Bild 4b und 4d (S. 15). Schließt man im Zweitor nach Bild 9 die Ausgangsklemmen 2-2' kurz und kennzeichnet Ströme und Spannungen (Bild 10a), so erhält man mit Gl. (21) den Eingangskurzschlußleitwert

$$\underline{Y}_{11} = \left.\frac{\underline{I}_1}{\underline{U}_1}\right|_{\underline{U}_2 = 0} = \frac{1}{R} = \frac{1}{1\ \text{k}\Omega} = 1\ \text{mS}$$

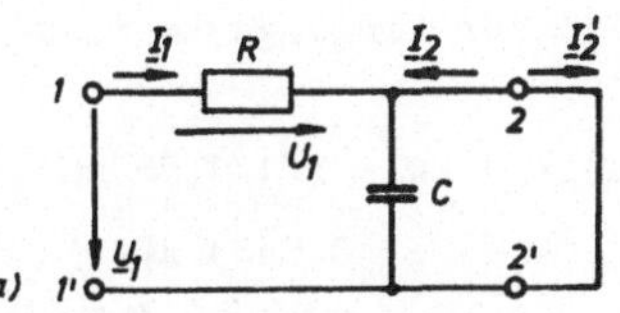

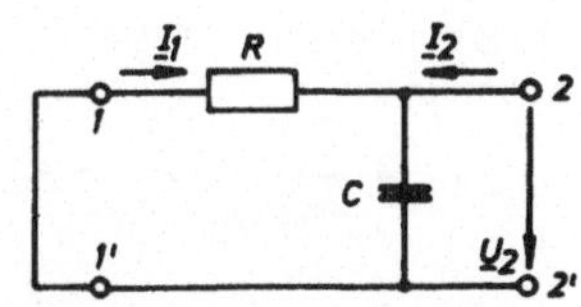

Bild 10 Frequenzabhängiger Spannungsteiler

      a) mit Kurzschluß an den Ausgangsklemmen zur Bestimmung der Leitwertparameter $\underline{Y}_{11}$ und $\underline{Y}_{21}$ und Kettenparameter $\underline{A}_{12}$ und $\underline{A}_{22}$

      b) mit Kurzschluß an den Eingangsklemmen zur Bestimmung der Leitwertparameter $\underline{Y}_{12}$ und $\underline{Y}_{22}$

und mit Gl. (23) (S. 21) die Steilheit

$$\underline{Y}_{21} = \left.\frac{\underline{I}_2}{\underline{U}_1}\right|_{\underline{U}_2 = 0} = -\frac{1}{R} = -\frac{1}{1\ \text{k}\Omega} = -1\ \text{mS}$$

Mit kurzgeschlossenen Eingangsklemmen 1-1' (Bild 10b) erhält man mit Gl. (22) (S. 21) den Rückwirkungsleitwert

$$\underline{Y}_{12} = \left.\frac{\underline{I}_1}{\underline{U}_2}\right|_{\underline{U}_1 = 0} = -\frac{1}{R} = -\frac{1}{1\ \text{k}\Omega} = -1\ \text{mS}$$

und mit Gl. (24) (S. 21) den Ausgangs-Kurzschlußleitwert

$$\underline{Y}_{22} = \left.\frac{\underline{I}_2}{\underline{U}_2}\right|_{\underline{U}_1 = 0} = \frac{1}{R} + j\omega C$$

Mit der Kreisfrequenz $\omega = 2\pi f = 2\pi \cdot 15\ \text{kHz} = 9{,}42 \cdot 10^4\ \text{s}^{-1}$ und dem Blindleitwert $\omega C = 9{,}42 \cdot 10^4\ \text{s}^{-1} \cdot 20\,\text{nF} = 1{,}88\ \text{mS}$ erhält man für den Ausgangs-Kurzschlußleitwert

$$\underline{Y}_{22} = (1 + j1{,}88)\ \text{mS}$$

Die **Leitwertmatrix** des Zweitors nach Bild 9 lautet also

$$(\underline{Y}) = \begin{bmatrix} 1 & -1 \\ -1 & 1 + j1{,}88 \end{bmatrix} \text{mS}$$

Die <u>Widerstandsparameter</u> ermittelt man mit Leerlaufschaltungen nach Bild 4a bzw. 4c (S. 15). Stellt man dementsprechend an den Ausgangsklemmen des Zweitors Leerlauf her (Bild 11a), so ergibt sich mit Gl. (25) (S. 21) der Eingangs-Leerlaufwiderstand

$$\underline{Z}_{11} = \left.\frac{U_1}{\underline{I}_1}\right|_{\underline{I}_2 = 0} = R - j(1/\omega C) = 1\ k\Omega - j(1/1{,}88\ mS)$$
$$= (1 - j0{,}532)\ k\Omega$$

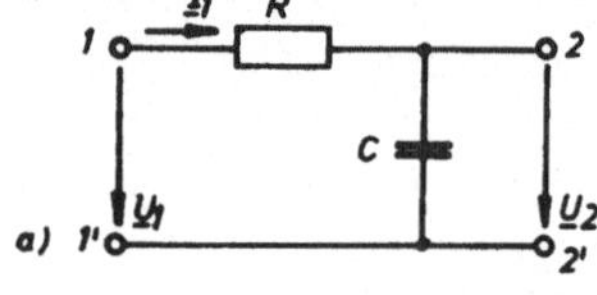

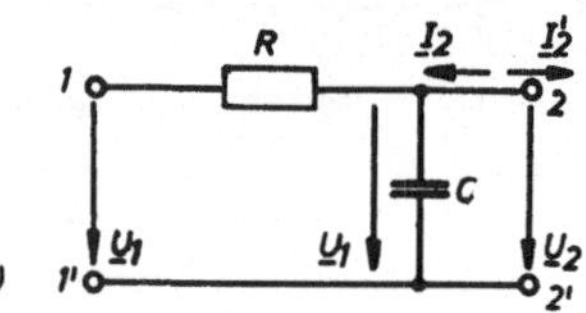

Bild 11   Frequenzabhängiger Spannungsteiler
        a) mit Leerlauf an den Ausgangsklemmen zur Bestimmung der Widerstandsparameter $\underline{Z}_{11}$ und $\underline{Z}_{21}$ und der Kettenparameter $\underline{A}_{11}$ und $\underline{A}_{21}$
        b) mit Leerlauf an den Eingangsklemmen zur Bestimmung der Widerstandsparameter $\underline{Z}_{12}$ und $\underline{Z}_{22}$

und mit Gl. (27) (S. 21) der Kernwiderstand vorwärts

$$\underline{Z}_{21} = \left.\frac{U_2}{\underline{I}_1}\right|_{\underline{I}_2 = 0} = -j(1/\omega C) = -j0{,}532\ k\Omega$$

Mit leerlaufenden Eingangsklemmen ermittelt man mit Gl. (26) (S. 21) und Bild 11b den Kernwiderstand rückwärts

$$\underline{Z}_{12} = \left.\frac{U_1}{\underline{I}_2}\right|_{\underline{I}_1 = 0} = -j(1/\omega C) = -j0{,}532\ k\Omega$$

und mit Gl. (28) (S. 21) schließlich den Ausgangs-Leerlaufwiderstand

$$\underline{Z}_{22} = \left.\frac{U_2}{\underline{I}_2}\right|_{\underline{I}_1 = 0} = -j(1/\omega C) = -j0{,}532\ k\Omega$$

Die <u>Widerstandsmatrix</u> des Zweitors (Bild 9) lautet damit

$$(\underline{Z}) = \begin{bmatrix} 1 - j0{,}532 & -j0{,}532 \\ -j0{,}532 & -j0{,}532 \end{bmatrix} k\Omega$$

Die <u>Kettenparameter</u> ermittelt man mit Leerlauf- bzw. Kurz-schlußschaltungen nach Bild 11a bzw. 10a. Die Leerlaufschaltung (Bild 11a, S. 24) liefert mit Gl. (29) (S. 22) die reziproke Spannungsübersetzung

$$\underline{A}_{11} = \left.\frac{\underline{U}_1}{\underline{U}_2}\right|_{\underline{I}_2' = 0} = \frac{R - j(1/\omega C)}{-j(1/\omega C)} = 1 + j\omega CR$$

$$= 1 + j1,88 \text{ mS} \cdot 1 \text{ k}\Omega = 1 + j1,88$$

und mit Gl. (31) (S. 22) den reziproken Kernwiderstand vorwärts

$$\underline{A}_{21} = \left.\frac{\underline{I}_1}{\underline{U}_2}\right|_{\underline{I}_2' = 0} = j\omega C = j1,88 \text{ mS}$$

Die Kurzschlußschaltung (Bild 10a, S. 23) liefert mit Gl. (30) (S. 22) die negative, reziproke Steilheit

$$\underline{A}_{12} = \left.\frac{\underline{U}_1}{\underline{I}_2'}\right|_{\underline{U}_2 = 0} = R = 1 \text{ k}\Omega$$

und mit Gl. (32) (S. 22) die reziproke Kurzschluß-Stromübersetzung

$$\underline{A}_{22} = \left.\frac{\underline{I}_1}{\underline{I}_2'}\right|_{\underline{U}_2 = 0} = 1$$

Die <u>Kettenmatrix</u> des Zweitors lautet damit

$$(\underline{A}) = \begin{bmatrix} 1 + j1,88 & 1 \text{ k}\Omega \\ j1,88 \text{ mS} & 1 \end{bmatrix}$$

2.3. Umrechnung der Zweitorparameter

In allen Zweitorgleichungen (1) bis (8) in Tafel 1 (S. 13) erscheinen dieselben Variablen, die Spannungen $\underline{U}_1$ und $\underline{U}_2$ und die Ströme $\underline{I}_1$ und $\underline{I}_2$. Die Parameter der verschiedenen Gleichungspaare müssen sich daher ineinander umrechnen lassen. Also kann man die Parameter einer Matrix durch die jeder anderen ausdrücken. Bei der Anwendung der Zweitortheorie muß man daher <u>nicht alle Parameter</u> messen bzw. bei gegebener Schaltung berechnen. Grundsätzlich reicht die Kenntnis einer

Zweitormatrix aus, um alle anderen bestimmen zu können.
In der Praxis kann darüberhinaus die Messung aller Zweitorparameter mit erheblichen Schwierigkeiten verbunden sein. Um
nun jede der vier Zweitormatrizen in die jeweils drei anderen umrechnen zu können, sind zwölf Gleichungen nötig. Hier
sollen drei dieser Umrechnungsbeziehungen abgeleitet werden;
die übrigen können ähnlich ermittelt werden.

Umrechnung der Leitwertmatrix in die Widerstandsmatrix. Die
Umrechnung der Leitwertmatrix in die Widerstandsmatrix und
umgekehrt sind die einfachsten Fälle der Parameterumrech-
nung. Stellt man die Leitwertform Gl. (1) der Widerstandsform Gl. (3) gegenüber, dann kann man den Zusammenhang zwischen beiden so interpretieren: Sieht man die Leitwertform
Gl. (1) als lineares Gleichungssystem mit den Unbekannten $\underline{U}_1$
und $\underline{U}_2$ an, so stellen die Gleichungen der Widerstandsform
Gl. (3) die Lösungen für die Spannungen $\underline{U}_1$ und $\underline{U}_2$ dar.

$$\underline{I}_1 = \underline{Y}_{11}\underline{U}_1 + \underline{Y}_{12}\underline{U}_2$$
$$\underline{I}_2 = \underline{Y}_{21}\underline{U}_1 + \underline{Y}_{22}\underline{U}_2 \tag{1}$$

$$\underline{U}_1 = \underline{Z}_{11}\underline{I}_1 + \underline{Z}_{12}\underline{I}_2$$
$$\underline{U}_2 = \underline{Z}_{21}\underline{I}_1 + \underline{Z}_{22}\underline{I}_2 \tag{3}$$

Um die Leitwertform in die Widerstandsform zu überführen,
müssen die Leitwertgleichungen nach den Spannungen $\underline{U}_1$ und $\underline{U}_2$
aufgelöst werden. Ein lineares Gleichungssystem löst man
übersichtlich mit der Cramerschen Regel (s. Anhang und [2]).
Mit der Determinante der Leitwertmatrix $\underline{Y} = \underline{Y}_{11}\underline{Y}_{22} - \underline{Y}_{12}\underline{Y}_{21}$
findet man die gesuchten Spannungen

$$\underline{U}_1 = \frac{\underline{I}_1\underline{Y}_{22} - \underline{I}_2\underline{Y}_{12}}{\underline{Y}_{11}\underline{Y}_{22} - \underline{Y}_{12}\underline{Y}_{21}} = \frac{\underline{Y}_{22}}{\underline{Y}} \underline{I}_1 - \frac{\underline{Y}_{12}}{\underline{Y}} \underline{I}_2 \tag{37}$$

$$\underline{U}_2 = \frac{\underline{I}_2\underline{Y}_{11} - \underline{I}_1\underline{Y}_{21}}{\underline{Y}_{11}\underline{Y}_{22} - \underline{Y}_{12}\underline{Y}_{21}} = - \frac{\underline{Y}_{21}}{\underline{Y}} \underline{I}_1 + \frac{\underline{Y}_{11}}{\underline{Y}} \underline{I}_2 \tag{38}$$

Die Gleichungen zur Umrechnung der Leitwertparameter in Widerstandsparameter erhält man unmittelbar durch Koeffizientenvergleich von Gl. (3) mit Gl. (37) und (38)

$$\underline{Z}_{11} = \frac{\underline{Y}_{22}}{\underline{Y}} \;,\quad \underline{Z}_{12} = -\frac{\underline{Y}_{12}}{\underline{Y}} \;,\quad \underline{Z}_{21} = -\frac{\underline{Y}_{21}}{\underline{Y}} \;,\quad \underline{Z}_{22} = \frac{\underline{Y}_{11}}{\underline{Y}}$$

In Matrizenschreibweise lassen sich diese Umrechnungsbeziehungen übersichtlich darstellen

$$(\underline{Z}) = \begin{bmatrix} \underline{Z}_{11} & \underline{Z}_{12} \\ \underline{Z}_{21} & \underline{Z}_{22} \end{bmatrix} = \frac{1}{\underline{Y}} \begin{bmatrix} \underline{Y}_{22} & -\underline{Y}_{12} \\ -\underline{Y}_{21} & \underline{Y}_{11} \end{bmatrix} \tag{39}$$

<u>Umrechnung der Widerstandsmatrix in die Leitwertmatrix.</u> Die-
se Aufgabe unterscheidet sich formal nicht von der vorigen.
Das Ausgangsgleichungspaar ist jetzt die Widerstandsform Gl.
(3), die in die Leitwertform Gl. (1) umgewandelt werden soll.
Aus diesem Grunde unterscheidet sich das Ergebnis, die Leitwertmatrix Gl. (40), formal auch nicht von Gl. (39). An Stelle der Leitwertparameter treten jetzt Widerstandsparameter
und umgekehrt.

$$(\underline{Y}) = \begin{bmatrix} \underline{Y}_{11} & \underline{Y}_{12} \\ \underline{Y}_{21} & \underline{Y}_{22} \end{bmatrix} = \frac{1}{\underline{Z}} \begin{bmatrix} \underline{Z}_{22} & -\underline{Z}_{12} \\ -\underline{Z}_{21} & \underline{Z}_{11} \end{bmatrix} \tag{40}$$

<u>Umrechnung der Kettenmatrix in die Leitwertmatrix.</u> Diese Ab-
leitung steht stellvertretend für alle übrigen Umrechnungen,
die ähnlich ausgeführt werden können. Ausgehend von der Kettenform Gl. (5) mit $\underline{I}_2' = -\underline{I}_2$

$$\underline{U}_1 = \underline{A}_{11}\underline{U}_2 + \underline{A}_{12}\underline{I}_2' = \underline{A}_{11}\underline{U}_2 - \underline{A}_{12}\underline{I}_2$$
$$\underline{I}_1 = \underline{A}_{21}\underline{U}_2 + \underline{A}_{22}\underline{I}_2' = \underline{A}_{21}\underline{U}_2 - \underline{A}_{22}\underline{I}_2$$

stellt man die Ströme als Funktionen der Spannungen dar. Aus
der ersten Kettengleichung erhält man den Strom

$$\underline{I}_2 = -\frac{1}{\underline{A}_{12}}\,\underline{U}_1 + \frac{\underline{A}_{11}}{\underline{A}_{12}}\,\underline{U}_2$$

Setzt man den Strom $\underline{I}_2$ in die zweite Kettengleichung ein, so erhält man den Strom

$$\underline{I}_1 = \frac{\underline{A}_{22}}{\underline{A}_{12}}\,\underline{U}_1 \;+\; \frac{\underline{A}_{12}\underline{A}_{21} - \underline{A}_{11}\underline{A}_{22}}{\underline{A}_{12}}\,\underline{U}_2$$

Die letzten Gleichungen für die Ströme $\underline{I}_1$ und $\underline{I}_2$ sind nichts anderes als die Leitwertform der Zweitorgleichungen, die Leitwertparameter sind durch Kettenparameter ausgedrückt. Zusammengefaßt erhält man

$$\underline{I}_1 = \frac{\underline{A}_{22}}{\underline{A}_{12}}\,\underline{U}_1 + \frac{\underline{A}_{12}\underline{A}_{21} - \underline{A}_{11}\underline{A}_{22}}{\underline{A}_{12}} = \underline{Y}_{11}\underline{U}_1 + \underline{Y}_{12}\underline{U}_2$$

$$\underline{I}_2 = \frac{-1}{\underline{A}_{12}}\,\underline{U}_1 + \frac{\underline{A}_{11}}{\underline{A}_{12}}\,\underline{U}_2 \qquad\qquad = \underline{Y}_{21}\underline{U}_1 + \underline{Y}_{22}\underline{U}_2 \tag{41}$$

Mit der Determinante der Kettenmatrix $\underline{A} = \underline{A}_{11}\underline{A}_{22} - \underline{A}_{12}\underline{A}_{21}$ lautet Gl. (41) in Matrizenschreibweise

$$(\underline{Y}) = \begin{bmatrix} \underline{Y}_{11} & \underline{Y}_{12} \\ \underline{Y}_{21} & \underline{Y}_{22} \end{bmatrix} = \frac{1}{\underline{A}_{12}} \begin{bmatrix} \underline{A}_{22} & -\underline{A} \\ -1 & \underline{A}_{11} \end{bmatrix} \tag{42}$$

In Tafel 3 (S. 29) sind die Umrechnungsbeziehungen zwischen allen Zweitorparametern zusammengestellt.

<u>Beispiel 4:</u> Für das Zweitor nach Bild 5 (S. 16) sind mit der Umrechnungstafel 3 die Widerstands-, Ketten- und Hybridmatrix aufzustellen.

Die Leitwertmatrix für das Zweitor nach Bild 5 lautet (s. S. 17) mit $G_1 = 1/R_1$, $G_2 = 1/R_2$ und $G_3 = 1/R_3$

$$(\underline{Y}) = \begin{bmatrix} G_1 + G_2 & -G_2 \\ -G_2 & G_2 + G_3 \end{bmatrix} = \begin{bmatrix} 30 & -20 \\ -20 & 25 \end{bmatrix} \text{mS}$$

Mit der Determinante der Leitwertmatrix $\underline{Y} = G_1 G_2 + G_2 G_3 + G_1 G_3 = 350 \text{ mS}^2$ und Gl. (43) erhält man die Widerstandsmatrix

$$(\underline{Z}) = \frac{1}{\underline{Y}} \begin{bmatrix} \underline{Y}_{22} & -\underline{Y}_{12} \\ -\underline{Y}_{21} & \underline{Y}_{11} \end{bmatrix} = \frac{1}{350\,\text{mS}^2} \begin{bmatrix} 25 & 20 \\ 20 & 30 \end{bmatrix} \text{mS} = \begin{bmatrix} 71 & 57 \\ 57 & 86 \end{bmatrix} \Omega$$

Tafel 3   Gegenseitige Umrechnung der Zweitorparameter

$$(\underline{Z}) = \begin{bmatrix} \underline{Z}_{11} & \underline{Z}_{12} \\ \underline{Z}_{21} & \underline{Z}_{22} \end{bmatrix} = \frac{1}{\underline{Y}} \begin{bmatrix} \underline{Y}_{22} & -\underline{Y}_{12} \\ -\underline{Y}_{21} & \underline{Y}_{11} \end{bmatrix} = \frac{1}{\underline{A}_{21}} \begin{bmatrix} \underline{A}_{11} & \underline{A} \\ 1 & \underline{A}_{22} \end{bmatrix} = \frac{1}{\underline{h}_{22}} \begin{bmatrix} \underline{h} & \underline{h}_{12} \\ -\underline{h}_{21} & 1 \end{bmatrix} \tag{43}$$

$$(\underline{Y}) = \frac{1}{\underline{Z}} \begin{bmatrix} \underline{Z}_{22} & -\underline{Z}_{12} \\ -\underline{Z}_{21} & \underline{Z}_{11} \end{bmatrix} = \begin{bmatrix} \underline{Y}_{11} & \underline{Y}_{12} \\ \underline{Y}_{21} & \underline{Y}_{22} \end{bmatrix} = \frac{1}{\underline{A}_{12}} \begin{bmatrix} \underline{A}_{22} & -\underline{A} \\ -1 & \underline{A}_{11} \end{bmatrix} = \frac{1}{\underline{h}_{11}} \begin{bmatrix} 1 & -\underline{h}_{12} \\ \underline{h}_{21} & \underline{h} \end{bmatrix} \tag{44}$$

$$(\underline{A}) = \frac{1}{\underline{Z}_{21}} \begin{bmatrix} \underline{Z}_{11} & \underline{Z} \\ 1 & \underline{Z}_{22} \end{bmatrix} = -\frac{1}{\underline{Y}_{21}} \begin{bmatrix} \underline{Y}_{22} & 1 \\ \underline{Y} & \underline{Y}_{11} \end{bmatrix} = \begin{bmatrix} \underline{A}_{11} & \underline{A}_{12} \\ \underline{A}_{21} & \underline{A}_{22} \end{bmatrix} = -\frac{1}{\underline{h}_{21}} \begin{bmatrix} \underline{h} & \underline{h}_{11} \\ \underline{h}_{22} & 1 \end{bmatrix} \tag{45}$$

$$(\underline{h}) = \frac{1}{\underline{Z}_{22}} \begin{bmatrix} \underline{Z} & \underline{Z}_{12} \\ -\underline{Z}_{21} & 1 \end{bmatrix} = \frac{1}{\underline{Y}_{11}} \begin{bmatrix} 1 & -\underline{Y}_{12} \\ \underline{Y}_{21} & \underline{Y} \end{bmatrix} = \frac{1}{\underline{A}_{22}} \begin{bmatrix} \underline{A}_{12} & \underline{A} \\ -1 & \underline{A}_{21} \end{bmatrix} = \begin{bmatrix} \underline{h}_{11} & \underline{h}_{12} \\ \underline{h}_{21} & \underline{h}_{22} \end{bmatrix} \tag{46}$$

mit Gl. (45) die Kettenmatrix

$$(\underline{A}) = -\frac{1}{\underline{Y}_{21}} \begin{bmatrix} \underline{Y}_{22} & 1 \\ \underline{Y} & \underline{Y}_{11} \end{bmatrix} = \frac{1}{20\ mS} \begin{bmatrix} 25\ mS & 1 \\ 350\ mS^2 & 30\ mS \end{bmatrix}$$

$$= \begin{bmatrix} 1,25 & 50\ \Omega \\ 17,5\ mS & 1,5 \end{bmatrix}$$

und mit Gl. (46) die Hybridmatrix

$$(\underline{h}) = \frac{1}{\underline{Y}_{11}} \begin{bmatrix} 1 & -\underline{Y}_{12} \\ \underline{Y}_{21} & \underline{Y} \end{bmatrix} = \frac{1}{30\ mS} \begin{bmatrix} 1 & 20\ mS \\ -20\ mS & 350\ mS^2 \end{bmatrix}$$

$$= \begin{bmatrix} 33\ \Omega & 0,67 \\ -0,67 & 12\ mS \end{bmatrix}$$

<u>Beispiel 5:</u> Für ein Zweitor nach Bild 12 mit dem Wirkwiderstand R = 100 Ω und der Induktivität L = 30 mH sollen für die

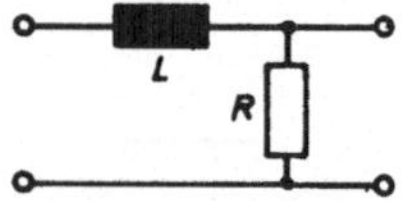

Bild 12   Zweitor

Frequenz f = 530 Hz die Zweitormatrizen aufgestellt werden.

Die Widerstandsparameter werden mit den Bestimmungsgleichungen (25) bis (28) aus Tafel 2 (S. 21) ermittelt.

Mit der Kreisfrequenz ω = 2πf = 2π·530 Hz = 3330 s^{-1} und dem Blindwiderstand ωL = 3330 s^{-1}30 mH = 100 Ω findet man

$$\underline{Z}_{11} = \frac{\underline{U}_1}{\underline{I}_1}\bigg|_{\underline{I}_2 = 0} = R + j\,L = (100 + j100)\ \Omega$$

$$\underline{Z}_{12} = \frac{\underline{U}_1}{\underline{I}_2}\bigg|_{\underline{I}_1 = 0} = R = 100\ \Omega$$

$$\underline{Z}_{21} = \frac{\underline{U}_2}{\underline{I}_1}\bigg|_{\underline{I}_2 = 0} = R = 100\ \Omega$$

$$\underline{Z}_{22} = \frac{\underline{U}_2}{\underline{I}_2}\bigg|_{\underline{I}_1 = 0} = R = 100\ \Omega$$

und zusammengefaßt in der <u>Widerstandsmatrix</u>

$$(\underline{Z}) = \begin{bmatrix} R + j\omega L & R \\ R & R \end{bmatrix} = \begin{bmatrix} 100 + j100 & 100 \\ 100 & 100 \end{bmatrix} \Omega$$

Die Leitwert-, Ketten- und Hybridmatrix werden mit den Umrechnungsbeziehungen aus Tafel 3 (S. 29) berechnet. Mit der Determinante der Widerstandsmatrix

$$\underline{Z} = \underline{Z}_{11}\underline{Z}_{22} - \underline{Z}_{12}\underline{Z}_{21} = (100 + j100)100 \ \Omega^2 - 10^4 \ \Omega^2$$
$$= j10^4 \ \Omega^2$$

erhält man mit Gl. (44) die <u>Leitwertmatrix</u>

$$(\underline{Y}) = \frac{1}{\underline{Z}} \begin{bmatrix} \underline{Z}_{22} & -\underline{Z}_{12} \\ -\underline{Z}_{21} & \underline{Z}_{11} \end{bmatrix} = \frac{1}{j10^4 \ \Omega^2} \begin{bmatrix} 100 & -100 \\ -100 & 100 + j100 \end{bmatrix} \Omega$$

$$= \begin{bmatrix} -j10 & j10 \\ j10 & 10 - j10 \end{bmatrix} mS$$

und mit Gl. (45) die <u>Kettenmatrix</u>

$$(\underline{A}) = \frac{1}{\underline{Z}_{21}} \begin{bmatrix} \underline{Z}_{11} & \underline{Z} \\ 1 & \underline{Z}_{22} \end{bmatrix} = \frac{1}{100 \ \Omega} \begin{bmatrix} (100 + j100)\Omega & j10^4 \ \Omega^2 \\ 1 & 100 \ \Omega \end{bmatrix}$$

$$= \begin{bmatrix} 1 + j & j100 \ \Omega \\ 10 \ mS & 1 \end{bmatrix}$$

und schließlich mit Gl. (46) die <u>Hybridmatrix</u>

$$(\underline{h}) = \frac{1}{\underline{Z}_{22}} \begin{bmatrix} \underline{Z} & \underline{Z}_{12} \\ -\underline{Z}_{21} & 1 \end{bmatrix} = \frac{1}{100 \ \Omega} \begin{bmatrix} j10^4 \ \Omega^2 & 100 \ \Omega \\ -100 \ \Omega & 1 \end{bmatrix}$$

$$= \begin{bmatrix} j100 \ \Omega & 1 \\ -1 & 10 \ mS \end{bmatrix}$$

2.4. Umkehrungssatz

Ein Zweitor wird durch Bild 3 (S. 11) und die Zweitorgleichungen (1) bis (8) (Tafel 1, S. 13) verbunden mit einem Rechenformalismus definiert. Die Beziehungen (21) bis (36) (Tafel 2, S. 21) erklären die Zweitorparameter und geben prinzipielle Meßvorschriften an. Gl. (43) bis (46) aus Tafel 3 (S. 29) verbinden die Zweitorparameter untereinander.

Nun bestehen bei linearen, passiven Zweitoren zwischen den Parametern jeweils einer Matrix weitere Zusammenhänge, die die Zweitorrechnung vereinfachen. Diese Beziehungen werden im Umkehrungssatz zusammengefaßt. Man leitet ihn ab, indem man das komplizierteste Zweitor untersucht, das als Netzwerk zwischen vier Klemmen denkbar ist. Diese Schaltung entsteht, wenn alle vier Knoten des Netzes in Bild 13 durch komplexe Widerstände (Leitwerte) miteinander verbunden werden. Man nennt dieses Zweitor einen vollständigen X-"Vierpol". Die Untersuchungen an diesem Zweitor werden dann für alle linearen, passiven Zweitore gültig sein. Scheinbar andere Zweitore sind entweder einfachere Zweitore oder Kombinationen von Zweitoren (s. Abschn. 3).

Für das weitere Verständnis der Zweitortheorie ist es beim ersten Durcharbeiten zulässig und ohne Einfluß auf das Weitere, wenn man die Ableitung des Umkehrungssatzes überschlägt und zunächst nur das Ergebnis in Gl. (53) bis (56) übernimmt.

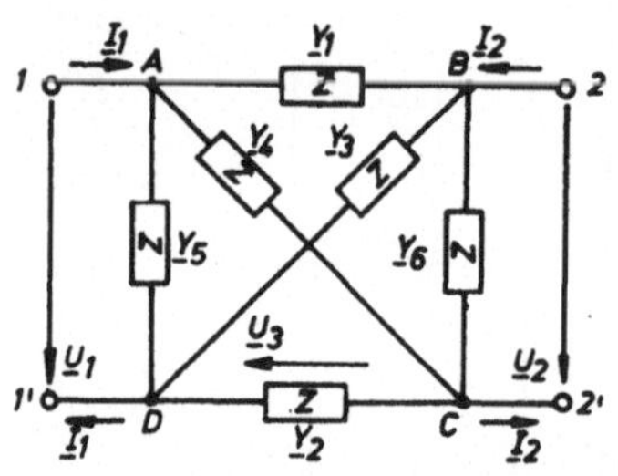

Bild 13 Vollständ. X-"Vierpol"

Um den Umkehrungssatz herzuleiten, werden die Gleichungen für den vollständigen X-"Vierpol" (Bild 13) allein mit dem Ohmschen Gesetz und den Kirchhoffschen Regeln aufgestellt. Insbesonders werden keine Beziehungen aus den Tafeln 2 und 3 (S. 21, 29) verwendet. Im folgenden werden die Ströme $\underline{I}_1$ und $\underline{I}_2$ als Funktionen der Spannungen $\underline{U}_1$ und $\underline{U}_2$ dargestellt. Dazu werden für die Knoten A, B und D (Bild 13) die Knotengleichungen nach dem ersten Kirchhoffschen Gesetz aufgestellt. Dabei wird vorübergehend die Hilfsspannung $\underline{U}_3$ eingeführt.

Da für dieses Netz drei linear unabhängige Knotengleichungen
existieren, kann diese Hilfsspannung später wieder eliminiert
werden. Für Knoten A findet man

$$\underline{I}_1 = \underline{U}_1\underline{Y}_5 + (\underline{U}_1 - \underline{U}_3)\underline{Y}_4 + (\underline{U}_1 - \underline{U}_2 - \underline{U}_3)\underline{Y}_1$$
$$= \underline{U}_1(\underline{Y}_1 + \underline{Y}_4 + \underline{Y}_5) - \underline{U}_2\underline{Y}_1 - \underline{U}_3(\underline{Y}_1 + \underline{Y}_4) \qquad (47)$$

für Knoten D

$$\underline{I}_1 = \underline{U}_1\underline{Y}_5 + (\underline{U}_2 + \underline{U}_3)\underline{Y}_3 + \underline{U}_3\underline{Y}_2$$
$$= \underline{U}_1\underline{Y}_5 + \underline{U}_2\underline{Y}_3 + \underline{U}_3(\underline{Y}_2 + \underline{Y}_3) \qquad (48)$$

und für Knoten B

$$\underline{I}_2 = \underline{U}_2\underline{Y}_6 + (\underline{U}_2 + \underline{U}_3)\underline{Y}_3 + (\underline{U}_2 + \underline{U}_3 - \underline{U}_1)\underline{Y}_1$$
$$= -\underline{U}_1\underline{Y}_1 + \underline{U}_2(\underline{Y}_1 + \underline{Y}_3 + \underline{Y}_6) + \underline{U}_3(\underline{Y}_1 + \underline{Y}_3) \qquad (49)$$

Die Hilfsspannung $\underline{U}_3$ wird bestimmt, indem man Gl. (48) von
Gl. (47) subtrahiert und diesen Ausdruck nach $\underline{U}_3$ auflöst

$$0 = \underline{U}_1(\underline{Y}_1 + \underline{Y}_4) - \underline{U}_2(\underline{Y}_1 + \underline{Y}_3) - \underline{U}_3(\underline{Y}_1 + \underline{Y}_2 + \underline{Y}_3 + \underline{Y}_4)$$

Mit der Abkürzung $\underline{Y}_g = \underline{Y}_1 + \underline{Y}_2 + \underline{Y}_3 + \underline{Y}_4$ erhält man dann

$$\underline{U}_3 = \underline{U}_1\,\frac{\underline{Y}_1 + \underline{Y}_4}{\underline{Y}_g} - \underline{U}_2\,\frac{\underline{Y}_1 + \underline{Y}_3}{\underline{Y}_g} \qquad (50)$$

Setzt man Gl. (50) in Gl. (47) und (49) ein, so findet man
das Gleichungspaar für die Ströme

$$\underline{I}_1 = \underline{U}_1(\underline{Y}_1 + \underline{Y}_4 + \underline{Y}_5) - \underline{U}_2\underline{Y}_1 - \frac{\underline{U}_1}{\underline{Y}_g}\,(\underline{Y}_1 + \underline{Y}_4)^2$$
$$+ \frac{\underline{U}_2}{\underline{Y}_g}\,(\underline{Y}_1 + \underline{Y}_4)(\underline{Y}_1 + \underline{Y}_3)$$

und

$$\underline{I}_2 = -\underline{U}_1\underline{Y}_1 + \underline{U}_2(\underline{Y}_1 + \underline{Y}_3 + \underline{Y}_6) + \frac{\underline{U}_1}{\underline{Y}_g}\,(\underline{Y}_1 + \underline{Y}_4)(\underline{Y}_1 + \underline{Y}_3)$$
$$- \frac{\underline{U}_2}{\underline{Y}_g}\,(\underline{Y}_1 + \underline{Y}_3)^2$$

Ordnet man in diesen beiden Gleichungen die Ausdrücke nach den Spannungen $\underline{U}_1$ und $\underline{U}_2$, so ergeben sich die Leitwertgleichungen für den vollständigen X-"Vierpol", wie ein Vergleich mit Gl. (1) (S. 13) unmittelbar zeigt

$$\underline{I}_1 = \underline{U}_1\left[\underline{Y}_1 + \underline{Y}_4 + \underline{Y}_5 - \frac{(\underline{Y}_1 + \underline{Y}_4)^2}{\underline{Y}_g}\right] + \underline{U}_2 \frac{\underline{Y}_3\underline{Y}_4 - \underline{Y}_1\underline{Y}_2}{\underline{Y}_g} \quad (51)$$

$$\underline{I}_2 = \underline{U}_1 \frac{\underline{Y}_3\underline{Y}_4 - \underline{Y}_1\underline{Y}_2}{\underline{Y}_g} + \underline{U}_2\left[\underline{Y}_1 + \underline{Y}_3 + \underline{Y}_6 - \frac{(\underline{Y}_1 + \underline{Y}_3)^2}{\underline{Y}_g}\right] \quad (52)$$

Man erkennt, daß die <u>Übertragungsleitwerte gleich</u> sind

$$\underline{Y}_{12} = \underline{Y}_{21} \qquad\qquad (53)$$

Mit Gl. (43) und (46) aus Tafel 3 (S. 29) erhält man für die <u>Kernwiderstände</u> der Widerstandsform

$$\underline{Z}_{12} = - \frac{\underline{Y}_{12}}{\underline{Y}} \quad \text{und} \quad \underline{Z}_{21} = - \frac{\underline{Y}_{21}}{\underline{Y}} \quad \text{mit Gl. (53)}$$

$$\underline{Z}_{12} = \underline{Z}_{21} \qquad\qquad (54)$$

und die <u>Leerlauf-Spannungsrückwirkung</u> bzw. die <u>Kurzschluß-Stromverstärkung</u>

$$\underline{h}_{12} = - \frac{\underline{Y}_{12}}{\underline{Y}_{11}} \quad \text{und} \quad \underline{h}_{21} = \frac{\underline{Y}_{21}}{\underline{Y}_{11}} \quad \text{mit Gl. (53)}$$

$$\underline{h}_{12} = -\underline{h}_{21} \qquad\qquad (55)$$

Für die <u>Determinante der Kettenmatrix</u> ergibt sich mit Gl. (45)

$$\underline{A} = \underline{A}_{11}\underline{A}_{22} - \underline{A}_{12}\underline{A}_{21} = \frac{\underline{Y}_{22}\underline{Y}_{11}}{\underline{Y}_{21}^2} - \frac{\underline{Y}}{\underline{Y}_{21}^2} = \frac{\underline{Y}_{12}\underline{Y}_{21}}{\underline{Y}_{21}^2} \quad \text{und} \quad (53)$$

$$\underline{A} = 1 \qquad\qquad (56)$$

Gl. (53) bis (56) bilden zusammengefaßt den <u>Umkehrungssatz</u> der Zweitortheorie

$$\underline{Y}_{12} = \underline{Y}_{21}, \quad \underline{Z}_{12} = \underline{Z}_{21}, \quad \underline{h}_{12} = -\underline{h}_{21}, \quad \underline{A} = 1$$

Man findet den Umkehrungssatz in den Beispielen 2 (S. 19),

3 (S. 22), 4 (S. 28) und 5 (S. 30) bestätigt. Dort wurden die Zweitorparameter jedoch ermittelt, _ohne_ den Umkehrungssatz zu verwenden.

2.5. Determinanten der Zweitormatrizen

In Zweitorberechnungen treten häufig die Determinanten von Zweitormatrizen auf. Insbesonders werden sie zur Umrechnung der Zweitorparameter (Tafel 3, S. 29) benötigt. Man erhält recht einfache Ausdrücke, wenn man die Determinanten einer Zweitormatrix durch Parameter einer anderen ausdrückt (Tafel 3, S. 29) und dabei den Umkehrungssatz berücksichtigt.

Für die <u>Determinante der Leitwertmatrix</u> erhält man

$$\underline{Y} = \begin{vmatrix} \underline{Y}_{11} & \underline{Y}_{12} \\ \underline{Y}_{21} & \underline{Y}_{22} \end{vmatrix} = \underline{Y}_{11}\underline{Y}_{22} - \underline{Y}_{12}\underline{Y}_{21} = \frac{\underline{Z}_{22}\underline{Z}_{11}}{\underline{Z}^2} - \frac{\underline{Z}_{12}\underline{Z}_{21}}{\underline{Z}^2} = \frac{1}{\underline{Z}}$$

$$= \frac{\underline{A}_{22}\underline{A}_{11}}{\underline{A}_{12}^2} - \frac{\underline{A}}{\underline{A}_{12}^2} = \frac{\underline{A}_{21}}{\underline{A}_{12}}$$

$$= \frac{\underline{h}}{\underline{h}_{11}^2} - \frac{-\underline{h}_{12}\underline{h}_{21}}{\underline{h}_{11}^2} = \frac{\underline{h}_{22}}{\underline{h}_{11}}$$

für die <u>Determinante der Widerstandsmatrix</u>

$$\underline{Z} = \begin{vmatrix} \underline{Z}_{11} & \underline{Z}_{12} \\ \underline{Z}_{21} & \underline{Z}_{22} \end{vmatrix} = \underline{Z}_{11}\underline{Z}_{22} - \underline{Z}_{12}\underline{Z}_{21} = \frac{\underline{Y}_{11}\underline{Y}_{22}}{\underline{Y}^2} - \frac{\underline{Y}_{12}\underline{Y}_{21}}{\underline{Y}^2} = \frac{1}{\underline{Y}}$$

$$= \frac{\underline{A}_{11}\underline{A}_{22}}{\underline{A}_{21}^2} - \frac{\underline{A}}{\underline{A}_{21}^2} = \frac{\underline{A}_{12}}{\underline{A}_{21}}$$

$$= \frac{\underline{h}}{\underline{h}_{22}^2} - \frac{-\underline{h}_{12}\underline{h}_{21}}{\underline{h}_{22}^2} = \frac{\underline{h}_{11}}{\underline{h}_{22}}$$

für die <u>Determinante der Kettenmatrix</u> ergibt sich mit Gl. (56)

$$\underline{A} = \begin{vmatrix} \underline{A}_{11} & \underline{A}_{12} \\ \underline{A}_{21} & \underline{A}_{22} \end{vmatrix} = \underline{A}_{11}\underline{A}_{22} - \underline{A}_{12}\underline{A}_{21} = 1$$

und für die <u>Determinante der Hybridmatrix</u>

$$\underline{h} = \begin{vmatrix} \underline{h}_{11} & \underline{h}_{12} \\ \underline{h}_{21} & \underline{h}_{22} \end{vmatrix} = \underline{h}_{11}\underline{h}_{22} - \underline{h}_{12}\underline{h}_{21} = \frac{\underline{Z}}{\underline{Z}_{22}^2} - \frac{\underline{Z}_{12}\underline{Z}_{21}}{\underline{Z}_{22}^2} = \frac{\underline{Z}_{11}}{\underline{Z}_{22}}$$

$$= \frac{\underline{Y}}{\underline{Y}_{11}^2} - \frac{\underline{Y}_{12}\underline{Y}_{21}}{\underline{Y}_{11}^2} = \frac{\underline{Y}_{22}}{\underline{Y}_{11}}$$

$$= \frac{\underline{A}_{12}\underline{A}_{21}}{\underline{A}_{22}^2} + \frac{\underline{A}}{\underline{A}_{22}^2} = \frac{\underline{A}_{11}}{\underline{A}_{22}}$$

Für die <u>Determinanten der Zweitormatrizen</u> gilt zusammengefaßt

$$\underline{Y} = \frac{1}{\underline{Z}} = \frac{\underline{A}_{21}}{\underline{A}_{12}} = \frac{\underline{h}_{22}}{\underline{h}_{11}} \tag{57}$$

$$\underline{Z} = \frac{1}{\underline{Y}} = \frac{\underline{A}_{12}}{\underline{A}_{21}} = \frac{\underline{h}_{11}}{\underline{h}_{22}} \tag{58}$$

$$\underline{A} = 1 \tag{59}$$

$$\underline{h} = \frac{\underline{Z}_{11}}{\underline{Z}_{22}} = \frac{\underline{Y}_{22}}{\underline{Y}_{11}} = \frac{\underline{A}_{11}}{\underline{A}_{22}} \tag{60}$$

2.6. Symmetrische Zweitore

Der Symmetriebegriff soll in diesem Skriptum eingeschränkt
verwendet werden. Ein symmetrisches Zweitor kann in seinem
Aufbau wie seiner Funktion nach symmetrisch sein. Wir wollen
uns hier auf Zweitore beschränken, die in ihrem Aufbau längs-
symmetrisch sind, sie sind zur
Symmetrieebene spiegelbildlich
aufgebaut (Bild 14). Sie sind
dann auch funktionssymmetrisch
(kopplungs- und widerstandssym-
metrisch). Vertauscht man im

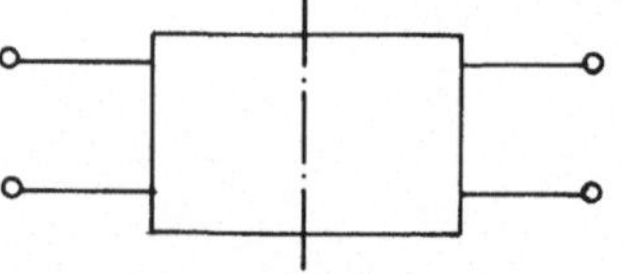

Bild 14 Längssymmetrie

Modell Sender-Zweitor-Empfänger (Bild 2, S. 10) die Tore eines längssymmetrischen Zweitors, so bleiben alle Spannungen
und Ströme unverändert. Die eingangs- und ausgangsbezogenen
Zweitorparameter sind gleich.

Für die Widerstands- und Leitwertparameter längssymmetrischer
Zweitore folgt unmittelbar

$$\underline{Y}_{11} = \underline{Y}_{22} \qquad\qquad (61)$$

$$\underline{Z}_{11} = \underline{Z}_{22} \qquad\qquad (62)$$

Für die Kettenparameter erhält man mit Gl. (45) (S. 29)

$$\underline{A}_{11} = \underline{Z}_{11}/\underline{Z}_{21} \quad \text{und} \quad \underline{A}_{22} = \underline{Z}_{22}/\underline{Z}_{21}$$

und mit Gl. (62) $\qquad\qquad \underline{A}_{11} = \underline{A}_{22} \qquad\qquad (63)$

Berücksichtigt man weiter die Beziehungen des Umkehrungssatzes (57) bis (60), so gelten für lineare, passive und längssymmetrische Zweitore die in Tafel 4 zusammengefaßten Vereinfachungen.

<u>Tafel 4</u> Vereinfachnungen bei längssymmetrischen Zweitoren

$$\underline{Y}_{11} = \underline{Y}_{22} \qquad\qquad (61)$$

$$\underline{Y}_{12} = \underline{Y}_{21} \qquad\qquad (53)$$

$$\underline{Z}_{11} = \underline{Z}_{22} \qquad\qquad (62)$$

$$\underline{Z}_{12} = \underline{Z}_{21} \qquad\qquad (54)$$

$$\underline{A}_{11} = \underline{A}_{22} \qquad\qquad (63)$$

$$\underline{A} = 1 \qquad\qquad (56)$$

$$\underline{h}_{12} = -\underline{h}_{21} \qquad\qquad (55)$$

<u>Beispiel 6:</u> Für ein Anpassungsfilter
(Bild 14a) mit der Induktivität L =
5 mH und den Kapazitäten $C_1 = C_2 = 1$ nF
sollen für die Frequenz f = 100 kHz
die Leitwert- und Kettenmatrix aufgestellt werden.

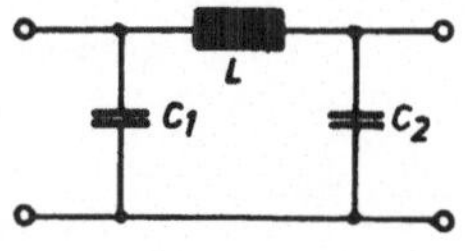

Bild 14a   Filter

Wegen der Längssymmetrie des Filters brauchen nur die Leit-
wertparameter $\underline{Y}_{11}$ und $\underline{Y}_{12}$ bestimmt zu werden. Mit der Kreisfrequenz $\omega = 2\pi f = 2\pi \cdot 100$ kHz $= 6{,}28 \cdot 10^5$ s^{-1} und den Blindleitwerten $\omega C = 6{,}28 \cdot 10^5$ s^{-1} 1 nF $= 628$ µS und

$1/\omega L = 1/6{,}28 \cdot 10^5 \ \mathrm{s}^{-1} \cdot 5 \ \mathrm{mH} = 318 \ \mu\mathrm{S}$ erhält man mit Gl. (21) (S. 21) den Eingangs-Kurzschlußleitwert

$$\underline{Y}_{11} = \left.\frac{\underline{I}_1}{\underline{U}_1}\right|_{\underline{U}_2 = 0} = j(\omega C - 1/\omega L) = j310 \ \mu\mathrm{S}$$

und mit Gl. (23) (S. 21) die Steilheit

$$\underline{Y}_{21} = \left.\frac{\underline{I}_2}{\underline{U}_1}\right|_{\underline{U}_2 = 0} = j(1/\omega L) = j318 \ \mu\mathrm{S}$$

Mit den Symmetriebedingungen $\underline{Y}_{11} = \underline{Y}_{22}$ und $\underline{Y}_{12} = \underline{Y}_{21}$, Gl. (61) und (53), ergibt sich die <u>Leitwertmatrix</u> des symmetrischen π-Zweitors

$$(\underline{Y}) = \begin{bmatrix} j(\omega C - 1/\omega L) & j(1/\omega L) \\ j(1/\omega L) & j(\omega C - 1/\omega L) \end{bmatrix} = \begin{bmatrix} j310 & j318 \\ j318 & j310 \end{bmatrix} \mu\mathrm{S}$$

Die <u>Kettenmatrix</u> wird mit Gl. (45) aus Tafel 3 (S. 29) berechnet. Wegen der Symmetrie gilt dazu Gl. (63)

$$\underline{A}_{11} = \underline{A}_{22} = -\frac{\underline{Y}_{22}}{\underline{Y}_{21}} = -\frac{\omega C - 1/\omega L}{1/\omega L} = 1 - \omega^2 LC = -0{,}97$$

$$\underline{A}_{12} = \frac{-1}{\underline{Y}_{21}} = j\omega L = j3{,}14 \ \mathrm{k\Omega}$$

Mit der Determinante der Leitwertmatrix

$$\underline{Y} = \underline{Y}_{11}\underline{Y}_{22} - \underline{Y}_{12}\underline{Y}_{21} = \underline{Y}_{11}^2 - \underline{Y}_{12}^2$$
$$= -(\omega C - 1/\omega L)^2 + (1/\omega L)^2$$
$$= 2C/L - \omega^2 C^2 = -5 \cdot 10^3 \ \mu\mathrm{S}^2$$

erhält man

$$\underline{A}_{21} = -\frac{\underline{Y}}{\underline{Y}_{21}} = j\omega L(2C/L - \omega^2 C^2) = j\omega C(2 - \omega^2 LC) = j16 \mu\mathrm{S}$$

und zusammengefaßt die <u>Kettenmatrix</u>

$$(\underline{A}) = \begin{bmatrix} 1 - \omega^2 LC & j\omega L \\ j\omega C(2 - \omega^2 LC) & 1 - \omega^2 LC \end{bmatrix} = \begin{bmatrix} -0{,}97 & j3{,}14 \ \mathrm{k\Omega} \\ j16 \ \mu\mathrm{S} & -0{,}97 \end{bmatrix}$$

2.7. Umkehrung eines Zweitors

Will man in der Schaltung Sender-Zweitor-Empfänger (Bild 2, S. 10) ein beliebiges, unsymmetrisches Zweitor umdrehen, also seine Eingangs- und Ausgangstore vertauschen, so spricht man von der Umkehrung des Zweitors (Bild 15). Danach liegt praktisch ein neues Zweitor vor, Ströme und Spannungen der Schaltung werden verändert sein. Die wesentliche Aufgabe der Zweitortheorie besteht in diesem Zusammenhang darin, aus den Zweitormatrizen für den Vorwärtsbetrieb (Bild 15a) die Matrizen für den Rückwärtsbetrieb (Bild 15b) zu berechnen.

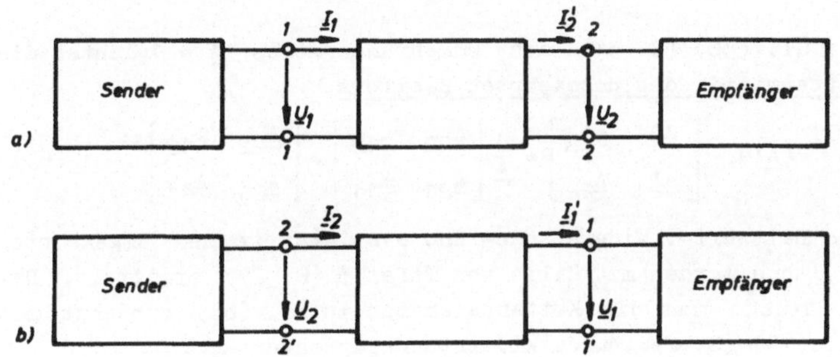

Bild 15 Umkehrung eines Zweitors
a) Zweitor im Vorwärtsbetrieb, $I_2' = -I_2$
b) Zweitor im Rückwärtsbetrieb, $I_1' = -I_1$

Die Zweitorgleichungen des umgekehrten Zweitors (Bild 15b) werden aus den Kettengleichungen (5) des ursprünglichen Zweitors (Bild 15a) abgeleitet. Dazu löst man das Gleichungssystem (5) nach den Ausgangsgrößen U_2 und I_2 auf. Ein lineares Gleichungssystem löst man übersichtlich mit der Cramerschen Regel (s. Anhang und [2]).

$$U_1 = A_{11}U_2 + A_{12}I_2'$$
$$I_1 = A_{21}U_2 + A_{22}I_2'$$

$$(5)$$

Mit der Koeffizientendeterminante $A = A_{11}A_{22} - A_{12}A_{21}$ findet man

$$\underline{U}_2 = \frac{\underline{U}_1\underline{A}_{22} - \underline{I}_1\underline{A}_{12}}{\underline{A}} = \frac{1}{\underline{A}}(\underline{A}_{22}\underline{U}_1 - \underline{A}_{12}\underline{I}_1)$$

$$\underline{I}_2' = \frac{\underline{I}_1\underline{A}_{11} - \underline{U}_1\underline{A}_{21}}{\underline{A}} = \frac{1}{\underline{A}}(\underline{A}_{11}\underline{I}_1 - \underline{A}_{21}\underline{U}_1)$$

Mit $\underline{I}_1' = -\underline{I}_1$ und $\underline{I}_2' = -\underline{I}_2$ erhält man die Kettengleichungen des umgekehrten Zweitors

$$\underline{U}_2 = \frac{1}{\underline{A}}(\underline{A}_{22}\underline{U}_1 + \underline{A}_{12}\underline{I}_1')$$

$$\underline{I}_2 = \frac{1}{\underline{A}}(\underline{A}_{21}\underline{U}_1 + \underline{A}_{11}\underline{I}_1') \tag{64}$$

Mit Gl. (56) (S. 34) des Umkehrungssatzes $\underline{A} = 1$ lautet die <u>Kettenmatrix des umgekehrten Zweitors</u>

$$(\underline{A}') = \begin{bmatrix} \underline{A}_{11}' & \underline{A}_{12}' \\ \underline{A}_{21}' & \underline{A}_{22}' \end{bmatrix} = \frac{1}{\underline{A}}\begin{bmatrix} \underline{A}_{22} & \underline{A}_{12} \\ \underline{A}_{21} & \underline{A}_{11} \end{bmatrix} = \begin{bmatrix} \underline{A}_{22} & \underline{A}_{12} \\ \underline{A}_{21} & \underline{A}_{11} \end{bmatrix} \tag{65}$$

Die Leitwert-, Widerstands- und Hybridmatrix des umgekehrten Zweitors werden mit Hilfe von Tafel 3 (S. 29) ermittelt. Dazu drückt man die Kettenparameter in Gl. (65) zunächst mit Gl. (45) (S. 29) durch Widerstandsparameter aus.

$$(\underline{A}') = \begin{bmatrix} \underline{A}_{22} & \underline{A}_{12} \\ \underline{A}_{21} & \underline{A}_{11} \end{bmatrix} = \frac{1}{\underline{Z}_{21}}\begin{bmatrix} \underline{Z}_{22} & \underline{Z} \\ 1 & \underline{Z}_{11} \end{bmatrix} \tag{66}$$

und rechnet jetzt Gl. (66) mit Gl. (43) (S. 29) in die <u>Widerstandsmatrix des umgekehrten Zweitors</u> um

$$(\underline{Z}') = \frac{1}{\underline{A}_{21}'}\begin{bmatrix} \underline{A}_{11}' & \underline{A}' \\ 1 & \underline{A}_{22}' \end{bmatrix} = \begin{bmatrix} \underline{Z}_{22} & \underline{Z}_{12} \\ \underline{Z}_{21} & \underline{Z}_{11} \end{bmatrix} \tag{67}$$

Die Leitwert- und Hybridmatrix des umgekehrten Zweitors erhält man auf ähnliche Weise. In Tafel 5 (S. 41) sind alle Umrechnungsgleichungen des umgekehrten Zweitors zusammengefaßt.

<u>Tafel 5</u> Matrizen des umgekehrten Zweitors

Zweitor vorwärts   Zweitor rückwärts

$$(\underline{A}) = \begin{bmatrix} \underline{A}_{11} & \underline{A}_{12} \\ \underline{A}_{21} & \underline{A}_{22} \end{bmatrix} \qquad\qquad (\underline{A}') = \begin{bmatrix} \underline{A}_{22} & \underline{A}_{12} \\ \underline{A}_{21} & \underline{A}_{11} \end{bmatrix} \qquad (66)$$

$$(\underline{Z}) = \begin{bmatrix} \underline{Z}_{11} & \underline{Z}_{12} \\ \underline{Z}_{21} & \underline{Z}_{22} \end{bmatrix} \qquad\qquad (\underline{Z}') = \begin{bmatrix} \underline{Z}_{22} & \underline{Z}_{12} \\ \underline{Z}_{21} & \underline{Z}_{11} \end{bmatrix} \qquad (67)$$

$$(\underline{Y}) = \begin{bmatrix} \underline{Y}_{11} & \underline{Y}_{12} \\ \underline{Y}_{21} & \underline{Y}_{22} \end{bmatrix} \qquad\qquad (\underline{Y}') = \begin{bmatrix} \underline{Y}_{22} & \underline{Y}_{12} \\ \underline{Y}_{21} & \underline{Y}_{11} \end{bmatrix} \qquad (68)$$

$$(\underline{h}) = \begin{bmatrix} \underline{h}_{11} & \underline{h}_{12} \\ \underline{h}_{21} & \underline{h}_{22} \end{bmatrix} \qquad\qquad (\underline{h}') = \frac{1}{\underline{h}} \begin{bmatrix} \underline{h}_{11} & \underline{h}_{12} \\ \underline{h}_{21} & \underline{h}_{22} \end{bmatrix} \qquad (69)$$

<u>Beispiel 7:</u> Für das Zweitor in Bild 16a und seine Umkehrung Bild 16b sind die Leitwert-, Widerstands- und Kettenmatrix aufzustellen.

Zunächst werden die Zweitormatrizen des Vorwärtszweitors (Bild 16a) bestimmt. Mit Gl. (25) bis (28) aus Tafel 2 (S. 21) erhält man die <u>Widerstandsparameter</u>

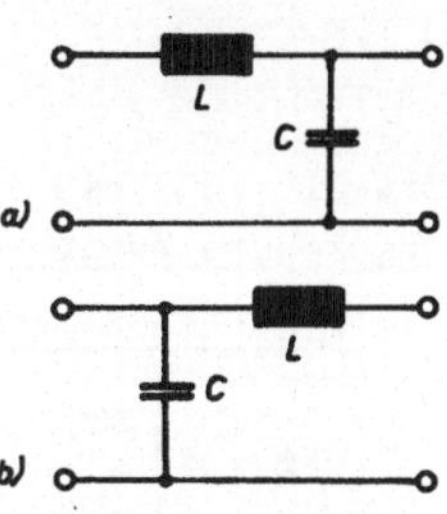

Bild 16 L-Glied
a) Zweitor
b) Umkehrung

$$\underline{Z}_{11} = \underline{U}_1/\underline{I}_1\Big|_{\underline{I}_2 = 0} = j(\omega L - 1/\omega C)$$

$$\underline{Z}_{12} = \underline{Z}_{21} = \underline{U}_1/\underline{I}_2\Big|_{\underline{I}_1 = 0} = -j(1/\omega C)$$

$$\underline{Z}_{22} = \underline{U}_2/\underline{I}_2\Big|_{\underline{I}_1 = 0} = -j(1/\omega C)$$

Zusammengefaßt lautet die <u>Widerstandsmatrix</u>

$$(\underline{Z}) = \begin{bmatrix} j(\omega L - 1/\omega C) & -j(1/\omega C) \\ -j(1/\omega C) & -j(1/\omega C) \end{bmatrix}$$

Mit der Determinante der Widerstandsmatrix

$$\underline{Z} = \underline{Z}_{11}\underline{Z}_{22} - \underline{Z}_{12}\underline{Z}_{21} = L/C - 1/(\omega C)^2 + 1/(\omega C)^2 = L/C$$

und Gl. (44) aus Tafel 3 (S. 29) findet man die <u>Leitwertmatrix</u>

$$(\underline{Y}) = \frac{1}{\underline{Z}}\begin{bmatrix} \underline{Z}_{22} & -\underline{Z}_{12} \\ -\underline{Z}_{21} & \underline{Z}_{11} \end{bmatrix} = \frac{C}{L}\begin{bmatrix} -j(1/\omega C) & j(1/\omega C) \\ j(1/\omega C) & j(\omega L - 1/\omega C) \end{bmatrix}$$

$$= \begin{bmatrix} -j(1/\omega L) & j(1/\omega L) \\ j(1/\omega L) & j(\omega C - 1/\omega L) \end{bmatrix}$$

Mit Gl. (45) aus Tafel 3 (S. 29) erhält man die <u>Kettenmatrix</u>

$$(\underline{A}) = \frac{1}{\underline{Z}_{21}}\begin{bmatrix} \underline{Z}_{11} & \underline{Z} \\ 1 & \underline{Z}_{22} \end{bmatrix} = j\omega C\begin{bmatrix} j(\omega L - 1/\omega C) & L/C \\ 1 & -j(1/\omega C) \end{bmatrix}$$

$$= \begin{bmatrix} -\omega^2 LC + 1 & j\omega L \\ j\omega C & 1 \end{bmatrix}$$

Mit Gl. (66) bis (68) aus Tafel 5 (S. 41) findet man für das <u>umgekehrte Zweitor</u> nach Bild 16b

die <u>Widerstandsmatrix</u>

$$(\underline{Z}') = \begin{bmatrix} \underline{Z}_{22} & \underline{Z}_{12} \\ \underline{Z}_{21} & \underline{Z}_{11} \end{bmatrix} = \begin{bmatrix} -j(1/\omega C) & -j(1/\omega C) \\ -j(1/\omega C) & j(\omega L - 1/\omega C) \end{bmatrix}$$

die <u>Leitwertmatrix</u>

$$(\underline{Y}') = \begin{bmatrix} \underline{Y}_{22} & \underline{Y}_{12} \\ \underline{Y}_{21} & \underline{Y}_{11} \end{bmatrix} = \begin{bmatrix} -j(1/\omega L) & j(1/\omega L) \\ j(1/\omega L) & j(\omega C - 1/\omega L) \end{bmatrix}$$

und die <u>Kettenmatrix</u>

$$(\underline{A}') = \begin{bmatrix} \underline{A}_{22} & \underline{A}_{12} \\ \underline{A}_{21} & \underline{A}_{11} \end{bmatrix} = \begin{bmatrix} 1 & j\omega L \\ j\omega C & 1 - \omega^2 LC \end{bmatrix}$$

2.8. Eingangs- und Ausgangswiderstand beliebig abgeschlossener Zweitore

Der Betriebsfall eines Zweitors wird durch das Modell Sender-Zweitor-Empfänger nachgebildet (Bild 2, S. 10). Für Anpassungsfragen ist die Kenntnis des Eingangswiderstandes $\underline{Z}_1$ des Zweitors wichtig, der seinerseits mit dem Empfängereingangswiderstand $\underline{Z}_a$ abgeschlossen ist (Bild 17a). Für die Ausgangsklemmen des Zweitors gilt analog die Frage nach dem Ausgangswiderstand $\underline{Z}_2$, wenn das Zweitor eingangsseitig mit dem Sender bzw. seinem Generatorwiderstand $\underline{Z}_e$ abgeschlossen ist, Bild 17b.

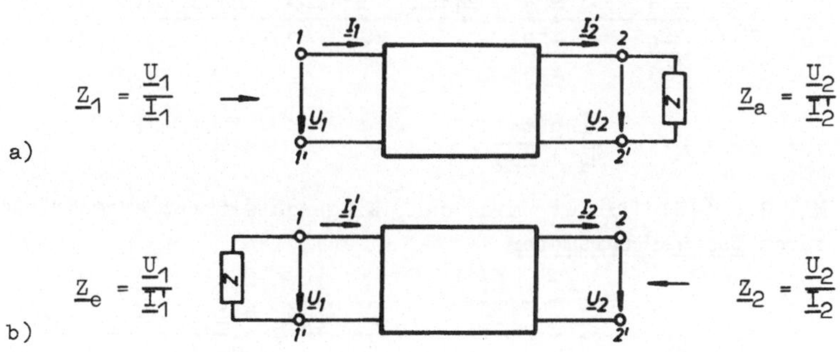

Bild 17 Eingangs- und Ausgangswiderstand beliebig abgeschlossener Zweitore
    a) Ausgangsseitiger Abschluß, $\underline{I}_2' = -\underline{I}_2$
    b) Eingangsseitiger Abschluß, $\underline{I}_1' = -\underline{I}_1$

Der Eingangswiderstand $\underline{Z}_1$ eines Zweitors, der mit dem komplexen Widerstand $\underline{Z}_a$ abgeschlossen ist, kann mit der Kettenform der Zweitorgleichungen (5) berechnet werden.

$$\underline{U}_1 = \underline{A}_{11}\underline{U}_2 + \underline{A}_{12}\underline{I}_2'$$
$$\underline{I}_1 = \underline{A}_{21}\underline{U}_2 + \underline{A}_{22}\underline{I}_2' \tag{5}$$

$$\underline{Z}_1 = \frac{\underline{U}_1}{\underline{I}_1} = \frac{\underline{A}_{11}\underline{U}_2 + \underline{A}_{12}\underline{I}_2'}{\underline{A}_{21}\underline{U}_2 + \underline{A}_{22}\underline{I}_2'} = \frac{(\underline{U}_2/\underline{I}_2')\underline{A}_{11} + \underline{A}_{12}}{(\underline{U}_2/\underline{I}_2')\underline{A}_{21} + \underline{A}_{22}}$$

und mit $\underline{Z}_a = \underline{U}_2/\underline{I}_2'$

$$\underline{Z}_1 = \frac{\underline{A}_{11}\underline{Z}_a + \underline{A}_{12}}{\underline{A}_{21}\underline{Z}_a + \underline{A}_{22}} \tag{70}$$

Mit den Umrechnungsgleichungen (43) bis (46) aus Tafel 3 (S. 29) kann man den Eingangswiderstand bzw. -leitwert auch mit Widerstands-, Leitwert- oder Hybridparametern berechnen. Mit Gl. (44) erhält man den <u>Eingangswiderstand</u> ausgedrückt durch <u>Widerstandsparameter</u>

$$\underline{Z}_1 = \frac{\dfrac{\underline{Z}_{11}}{\underline{Z}_{21}}\underline{Z}_a + \dfrac{\underline{Z}}{\underline{Z}_{21}}}{\dfrac{\underline{Z}_a}{\underline{Z}_{21}} + \dfrac{\underline{Z}_{22}}{\underline{Z}_{21}}} = \frac{\underline{Z}_{11}\underline{Z}_a + \underline{Z}_{11}\underline{Z}_{22} - \underline{Z}_{12}\underline{Z}_{21}}{\underline{Z}_a + \underline{Z}_{22}}$$

$$\underline{Z}_1 = \underline{Z}_{11} - \frac{\underline{Z}_{12}\underline{Z}_{21}}{\underline{Z}_a + \underline{Z}_{22}} \tag{71}$$

Mit Gl. (43) findet man den Eingangsleitwert ausgedrückt durch <u>Leitwertparameter</u>

$$\underline{Y}_1 = \frac{1}{\underline{Z}_1} = \frac{-\dfrac{\underline{Y}}{\underline{Y}_{21}} - \dfrac{\underline{Y}_{11}}{\underline{Y}_{21}}}{-\dfrac{\underline{Y}_{22}}{\underline{Y}_{21}}\underline{Z}_a - \dfrac{1}{\underline{Y}_{21}}} = \frac{\underline{Y}_{11}\underline{Y}_{22}\underline{Z}_a - \underline{Y}_{12}\underline{Y}_{21}\underline{Z}_a + \underline{Y}_{11}}{\underline{Y}_{22}\underline{Z}_a + 1}$$

und mit $\underline{Y}_a = 1/\underline{Z}_a$

$$\underline{Y}_1 = \underline{Y}_{11} - \frac{\underline{Y}_{12}\underline{Y}_{21}}{\underline{Y}_a + \underline{Y}_{22}} \tag{72}$$

mit Gl.(46) für die Darstellung des Eingangswiderstandes mit <u>Hybridparametern</u>

$$\underline{Z}_1 = \frac{-\dfrac{\underline{h}}{\underline{h}_{21}}\underline{Z}_a - \dfrac{\underline{h}_{11}}{\underline{h}_{21}}}{-\dfrac{\underline{h}_{22}}{\underline{h}_{21}}\underline{Z}_a - \dfrac{1}{\underline{h}_{21}}} = \frac{\underline{h}_{11}\underline{h}_{22}\underline{Z}_a - \underline{h}_{12}\underline{h}_{21}\underline{Z}_a + \underline{h}_{11}}{\underline{h}_{22}\underline{Z}_a + 1}$$

$$\underline{Z}_1 = \underline{h}_{11} - \frac{\underline{h}_{12}\underline{h}_{21}\underline{Z}_a}{1 + \underline{h}_{22}\underline{Z}_a} \tag{73}$$

Den <u>Ausgangswiderstand</u> $\underline{Z}_2$ eines Zweitors, der mit dem komplexen Senderwiderstand $\underline{Z}_e$ abgeschlossen ist, berechnet man durch <u>Umkehrung</u> des Zweitors (Bild 17, S. 43). Ersetzt man die Zweitorparameter in Gl. (70) bis (73) durch die entsprechenden Parameter des umgekehrten Zweitors Gl. (66) bis (69) (S. 41) und den Abschlußwiderstand $\underline{Z}_a$ durch den Senderwiderstand $\underline{Z}_e$, so erhält man z.B. mit Gl. (73) und (69) den <u>Ausgangswiderstand</u> ausgedrückt durch <u>Hybridparameter</u>

$$\underline{Z}_2 = \underline{h}'_{11} - \frac{\underline{h}'_{12}\underline{h}'_{21}\underline{Z}_e}{1 + \underline{h}'_{22}\underline{Z}_e} = \frac{\underline{h}_{11}}{\underline{h}} - \frac{\dfrac{\underline{h}_{21}\underline{h}_{12}}{\underline{h}\ \underline{h}}\underline{Z}_e}{1 + \dfrac{\underline{h}_{22}}{\underline{h}}\underline{Z}_e}$$

$$= \frac{1}{\underline{h}}\left[\underline{h}_{11} - \frac{\underline{h}_{12}\underline{h}_{21}\underline{Z}_e}{\underline{h} + \underline{h}_{22}\underline{Z}_e}\right]$$

Die Ausgangswiderstände in Leitwert-, Widerstands- und Kettenparametern werden ähnlich ermittelt. In Tafel 6 sind die Eingangs- und Ausgangswiderstände beliebig abgeschlossener Zweitore zusammengefaßt.

<u>Tafel 6</u> Eingangs- und Ausgangswiderstände beliebig abgeschlossener Zweitore

$$\underline{Z}_1 = \frac{\underline{A}_{11}\underline{Z}_a + \underline{A}_{12}}{\underline{A}_{21}\underline{Z}_a + \underline{A}_{22}} \tag{70}$$

$$\underline{Z}_1 = \underline{Z}_{11} - \frac{\underline{Z}_{12}\underline{Z}_{21}}{\underline{Z}_{22} + \underline{Z}_a} \tag{71}$$

$$\underline{Y}_1 = \underline{Y}_{11} - \frac{\underline{Y}_{12}\underline{Y}_{21}}{\underline{Y}_{22} + \underline{Y}_a} \tag{72}$$

$$\underline{Z}_1 = \underline{h}_{11} - \frac{\underline{h}_{12}\underline{h}_{21}\underline{Z}_a}{1 + \underline{h}_{22}\underline{Z}_a} \tag{73}$$

$$\underline{Z}_2 = \frac{\underline{A}_{22}\underline{Z}_e + \underline{A}_{12}}{\underline{A}_{21}\underline{Z}_e + \underline{A}_{11}} \tag{74}$$

<u>Tafel 6</u>   (Fortsetzung)

$$\underline{Z}_2 = \underline{Z}_{22} - \frac{\underline{Z}_{12}\underline{Z}_{21}}{\underline{Z}_{11} + \underline{Z}_e} \tag{75}$$

$$\underline{Y}_2 = \underline{Y}_{22} - \frac{\underline{Y}_{12}\underline{Y}_{21}}{\underline{Y}_{11} + \underline{Y}_e} \tag{76}$$

$$\underline{Z}_2 = \frac{1}{\underline{h}}\left[\underline{h}_{11} - \frac{\underline{h}_{12}\underline{h}_{21}\underline{Z}_e}{\underline{h} + \underline{h}_{22}\underline{Z}_e}\right] \tag{77}$$

<u>Beispiel 8:</u> Ein Tiefpaß (Bild 18) mit den Kapazitäten $C_1 =$ 10 nF und $C_2 = 20$ nF und dem Wirkwiderstand R = 1 kΩ wird mit dem Wirkwiderstand $R_a = 500\,\Omega$ abgeschlossen. Es sind die Eingangsleitwerte für die Frequenzen $f_1 =$ 1 kHz und $f_2 = 10$ kHz zu berechnen.

Zunächst wird die Leitwertmatrix $(\underline{Y})$ des Zweitors aufgestellt. Mit Gl. (21) bis (24) erhält man die Leitwertparameter

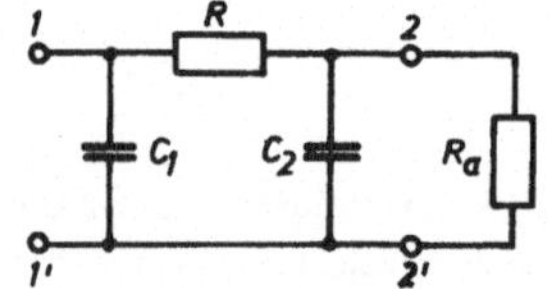

Bild 18   Tiefpaß

$$\underline{Y}_{11} = \left.\frac{\underline{I}_1}{\underline{U}_1}\right|_{\underline{U}_2\,=\,0} = \frac{1}{R} + j\omega C_1$$

$$\underline{Y}_{12} = \underline{Y}_{21} = \left.\frac{\underline{I}_1}{\underline{U}_2}\right|_{\underline{U}_1\,=\,0} = -\frac{1}{R}$$

$$\underline{Y}_{22} = \left.\frac{\underline{I}_2}{\underline{U}_2}\right|_{\underline{U}_1\,=\,0} = \frac{1}{R} + j\omega C_2$$

Für die Kreisfrequenz $\omega_1 = 2\pi f_1 = 2\pi\cdot 1$ kHz $= 6{,}28\cdot 10^3$ s^{-1} und den Blindleitwerten $\omega_1 C_1 = 6{,}28\cdot 10^3\cdot 10$ nF $= 62{,}8\,\mu$S und $\omega_1 C_2 = 6{,}28\cdot 10^3\cdot 20$ nF $= 126\,\mu$S findet man die <u>Leitwertmatrix</u>

$$(\underline{Y}) = \begin{bmatrix} 1 + j0{,}063 & -1 \\ -1 & 1 + j0{,}126 \end{bmatrix}\text{mS}$$

und mit Gl. (72) (S. 45) den <u>Eingangsleitwert</u>

$$\underline{Y}_1 = \underline{Y}_{11} - \frac{\underline{Y}_{12}\underline{Y}_{21}}{\underline{Y}_{22} + \underline{Y}_a} = \left[1 + j0{,}063 - \frac{1}{1 + j0{,}126 + 2} \right] mS$$

$$= \left[1 + j0{,}063 - \frac{3 - j0{,}126}{9{,}02} \right] mS$$

$$\underline{Y}_1 = (0{,}67 + j0{,}077)\ mS$$

Für die Kreisfrequenz $\omega_2 = 2\pi f_2 = 2\pi \cdot 10$ kHz $= 6{,}28 \cdot 10^4$ s^{-1} und den Blindleitwerten $\omega_2 C_1 = 6{,}28 \cdot 10^4$ s$^{-1} \cdot 10$ nF $= 628\ \mu$S und $\omega_2 C_2 = 6{,}28 \cdot 10^4$ s$^{-1} \cdot 20$ nF $= 1{,}26$ mS erhält man die <u>Leitwertmatrix</u>

$$(\underline{Y}) = \begin{bmatrix} 1 + j0{,}63 & -1 \\ -1 & 1 + j1{,}26 \end{bmatrix} mS \ .$$

und den <u>Eingangsleitwert</u>

$$\underline{Y}_1 = \underline{Y}_{11} - \frac{\underline{Y}_{12}\underline{Y}_{21}}{\underline{Y}_{22} + \underline{Y}_a} = \left[1 + j0{,}63 - \frac{1}{1 + j1{,}26 + 2} \right] mS$$

$$= \left[1 + j0{,}63 - \frac{3 - j1{,}26}{10{,}6} \right] mS$$

$$\underline{Y}_1 = (0{,}72 + j0{,}75)\ mS$$

3. Kombinationen von Zweitoren

Elektrische Schaltungen lassen sich als Zweitore auffassen. Mathematisch werden Zweitore durch Zweitorgleichungspaare bzw. Zweitormatrizen beschrieben. Lineare, passive Zweitore haben besondere, vereinfachende Eigenschaften (Umkehrungssatz).

Nun sollen die Gesetzmäßigkeiten untersucht werden, nach denen aus <u>einzelnen Zweitoren Schaltungen</u> zusammengesetzt werden können. Es gibt dabei verschiedene Möglichkeiten, die Klemmen der Zweitore sinnvoll miteinander zu verknüpfen. In diesem Skriptum werden vier Kombinationsmöglichkeiten von Zweitoren untersucht: die Parallel-, Serien-, Ketten- und Serien-Parallel-Schaltung. Wir werden sehen, daß diesen vier Schaltungen die vier behandelten Formen der Zweitorgleichungen entsprechen: Leitwert-, Widerstands-, Ketten- und Hybridform.

3.1. Parallelschaltung

Zwei Zweitore werden parallel geschaltet, indem man ihre Eingangs- und Ausgangsklemmen parallel schaltet (Bild 19).

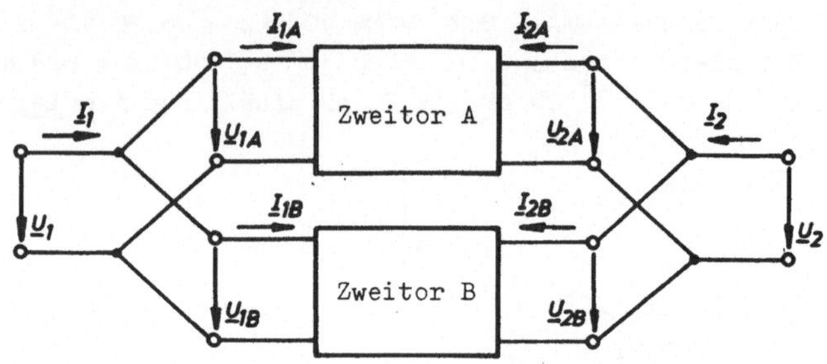

Bild 19 Parallelschaltung von Zweitoren

Zur Berechnung einer Zweitormatrix für die Parallelschaltung eignen sich die Zweitorgleichungen in der Leitwertform (1) (S. 13). Die Gesamtströme in Bild 19 sind

$$\underline{I}_1 = \underline{I}_{1A} + \underline{I}_{1B} \quad \text{und} \quad \underline{I}_2 = \underline{I}_{2A} + \underline{I}_{2B}$$

Drückt man die Ströme der Einzelzweitore durch die Leitwertgleichungen

$$\underline{I}_{1A} = \underline{Y}_{11A}\underline{U}_{1A} + \underline{Y}_{12A}\underline{U}_{2A} \qquad \underline{I}_{1B} = \underline{Y}_{11B}\underline{U}_{1B} + \underline{Y}_{12B}\underline{U}_{2B}$$
$$\underline{I}_{2A} = \underline{Y}_{21A}\underline{U}_{1A} + \underline{Y}_{22A}\underline{U}_{2A} \quad \text{und} \quad \underline{I}_{2B} = \underline{Y}_{21B}\underline{U}_{1B} + \underline{Y}_{22B}\underline{U}_{2B}$$

aus, so erhält man für die Gesamtströme

$$\underline{I}_1 = \underline{I}_{1A} + \underline{I}_{1B} = \underline{Y}_{11A}\underline{U}_{1A} + \underline{Y}_{12A}\underline{U}_{2A} + \underline{Y}_{11B}\underline{U}_{1B} + \underline{Y}_{12B}\underline{U}_{2B}$$

$$\underline{I}_2 = \underline{I}_{2A} + \underline{I}_{2B} = \underline{Y}_{21A}\underline{U}_{1A} + \underline{Y}_{22A}\underline{U}_{2A} + \underline{Y}_{21B}\underline{U}_{1B} + \underline{Y}_{22B}\underline{U}_{2B}$$

Berücksichtigt man weiter für die Spannungen

$$\underline{U}_1 = \underline{U}_{1A} = \underline{U}_{1B}$$
$$\underline{U}_2 = \underline{U}_{2A} = \underline{U}_{2B}$$

so erhält man die <u>Zweitorgleichungen des Gesamtzweitors</u> in Leitwertform

$$\underline{I}_1 = (\underline{Y}_{11A} + \underline{Y}_{11B})\underline{U}_1 + (\underline{Y}_{12A} + \underline{Y}_{12B})\underline{U}_2$$

$$\underline{I}_2 = (\underline{Y}_{21A} + \underline{Y}_{21B})\underline{U}_1 + (\underline{Y}_{22A} + \underline{Y}_{22B})\underline{U}_2 \tag{78}$$

und in Matrizenschreibweise

$$\begin{bmatrix} \underline{I}_1 \\ \underline{I}_2 \end{bmatrix} = \begin{bmatrix} \underline{Y}_{11A} + \underline{Y}_{11B} & \underline{Y}_{12A} + \underline{Y}_{12B} \\ \underline{Y}_{21A} + \underline{Y}_{21B} & \underline{Y}_{22A} + \underline{Y}_{22B} \end{bmatrix} \begin{bmatrix} \underline{U}_1 \\ \underline{U}_2 \end{bmatrix} \tag{79}$$

In der Leitwertmatrix in Gl. (79) werden die Leitwertparameter der Einzelmatrizen nach dem Additionsgesetz der Matrizenrechnung addiert (s. Anhang und [2]). Werden also Zweitore parallel geschaltet, so ist die Leitwertmatrix des Gesamtzweitors gleich der Summe der Leitwertmatrizen der Einzelzweitore

$$(\underline{Y}) = (\underline{Y}_A) + (\underline{Y}_B) = \begin{bmatrix} \underline{Y}_{11A} & \underline{Y}_{12A} \\ \underline{Y}_{21A} & \underline{Y}_{22A} \end{bmatrix} + \begin{bmatrix} \underline{Y}_{11B} & \underline{Y}_{12B} \\ \underline{Y}_{21B} & \underline{Y}_{22B} \end{bmatrix} \tag{80}$$

$$= \begin{bmatrix} \underline{Y}_{11A} + \underline{Y}_{11B} & \underline{Y}_{12A} + \underline{Y}_{12B} \\ \underline{Y}_{21A} + \underline{Y}_{21B} & \underline{Y}_{22A} + \underline{Y}_{22B} \end{bmatrix}$$

<u>Beispiel 9:</u> Für das Zweitor in Bild 20 mit den Wirkwiderständen R = 50 Ω und der Kapazität C = 0,1 µF soll für die Frequenz f = 20 kHz die Leitwertmatrix aufgestellt werden.

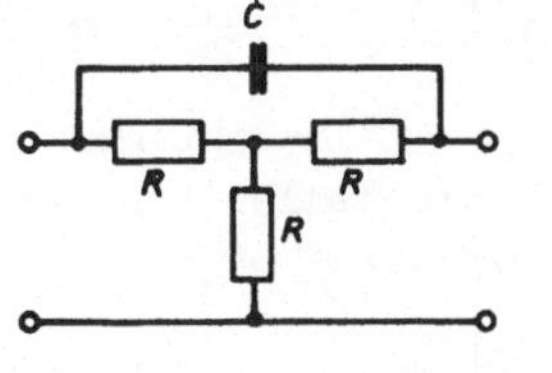
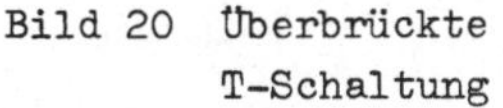

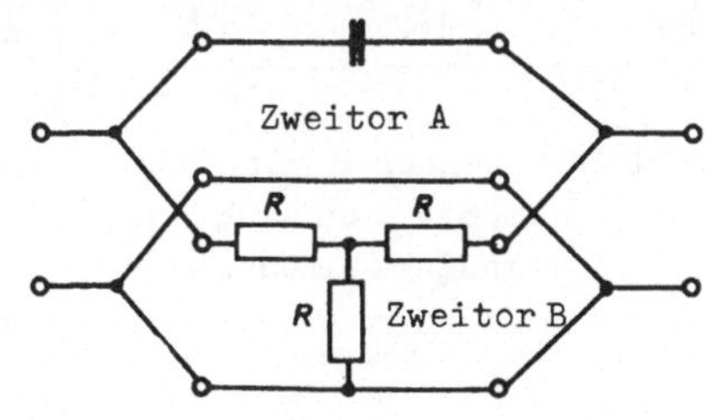

Bild 20 Überbrückte
T-Schaltung

Bild 21 Parallelschaltung

Die überbrückte T-Schaltung kann als Parallelschaltung zweier einfacher Zweitore aufgefaßt werden (Bild 21). Daher bestimmt man zunächst die Leitwertmatrizen der Einzelzweitore $(\underline{Y}_A)$ und $(\underline{Y}_B)$. Mit Gl. (80) (S. 49) erhält man dann die Leitwertmatrix des Gesamtzweitors $(\underline{Y}) = (\underline{Y}_A) + (\underline{Y}_B)$.

<u>Zweitor A.</u> Mit Gl. (21) und (22) aus Tafel 2 (S. 21) findet man die Leitwertparameter

$$\underline{Y}_{11} = \left.\frac{\underline{I}_1}{\underline{U}_1}\right|_{\underline{U}_2 = 0} = j\omega C \quad \text{und} \quad \underline{Y}_{12} = \left.\frac{\underline{I}_1}{\underline{U}_2}\right|_{\underline{U}_1 = 0} = -j\omega C$$

Da das Zweitor A symmetrisch ist, gelten Gl. (61) und (53) aus Tafel 4 (S. 37)

$$\underline{Y}_{11} = \underline{Y}_{22} = j\omega C \quad \text{und} \quad \underline{Y}_{12} = \underline{Y}_{21} = -j\omega C$$

Mit der Kreisfrequenz $\omega = 2\pi f = 2\pi \cdot 20$ kHz $= 1{,}26 \cdot 10^5$ s^{-1} und dem Blindleitwert $\omega C = 1{,}26 \cdot 10^5$ s$^{-1} \cdot 0{,}1$ µF $= 12{,}6$ mS lautet die Leitwertmatrix von Zweitor A

$$(\underline{Y}_A) = \begin{bmatrix} j\omega C & -j\omega C \\ -j\omega C & j\omega C \end{bmatrix} = \begin{bmatrix} j12{,}6 & -j12{,}6 \\ -j12{,}6 & j12{,}6 \end{bmatrix} \text{mS}$$

<u>Zweitor B.</u> Zur Bestimmung der Leitwertparameter $\underline{Y}_{11}$ und $\underline{Y}_{21}$ mit Gl. (21) und (23) (Tafel 2 S. 21) dient das Zweitorschaltbild mit kurzgeschlossenen Ausgangsklemmen (Bild 22).

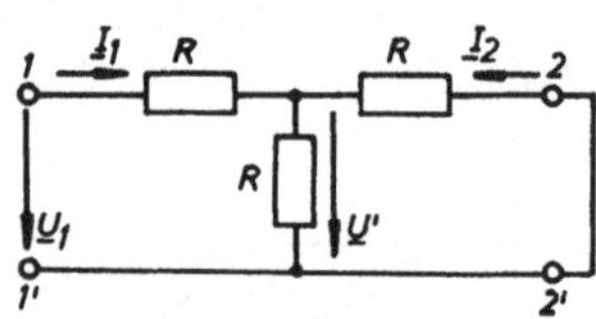

Bild 22 Zweitor B mit Kurzschluß an den Ausgangsklemmen 2-2'

Für den Eingangs-Kurzschlußleitwert findet man mit dem Wirkwiderstand R = 50 Ω

$$\underline{Y}_{11} = \left.\frac{\underline{I}_1}{\underline{U}_1}\right|_{\underline{U}_2 = 0} = \frac{1}{\frac{3}{2}R} = \frac{2}{3R}$$

$$= 13{,}3 \text{ mS}$$

und für die Steilheit mit der Hilfsspannung $\underline{U}' = \underline{U}_1/3$

$$\underline{Y}_{21} = \left.\frac{\underline{I}_2}{\underline{U}_1}\right|_{\underline{U}_2 = 0} = -\frac{1}{3R}$$

$$= -6{,}7 \text{ mS}$$

Da Zweitor B symmetrisch ist, gelten auch hier Gl. (61) und (53) $\underline{Y}_{11} = \underline{Y}_{22}$ und $\underline{Y}_{12} = \underline{Y}_{21}$. Daher lautet die

Leitwertmatrix für Zweitor B

$$(\underline{Y}_B) = \begin{bmatrix} 2/3R & -1/3R \\ -1/3R & 2/3R \end{bmatrix} = \begin{bmatrix} 13,3 & -6,7 \\ -6,7 & 13,3 \end{bmatrix} mS$$

Mit Gl. (80) (S. 49) findet man schließlich die Leitwertmatrix des Gesamtzweitors

$$(\underline{Y}) = (\underline{Y}_A) + (\underline{Y}_B) = \begin{bmatrix} j\omega C & -j\omega C \\ -j\omega C & j\omega C \end{bmatrix} + \begin{bmatrix} 2/3R & -1/3R \\ -1/3R & 2/3R \end{bmatrix}$$

$$= \begin{bmatrix} 2/3R + j\omega C & -1/3R - j\omega C \\ -1/3R - j\omega C & 2/3R + j\omega C \end{bmatrix}$$

$$= \begin{bmatrix} 13,3 + j12,6 & -6,7 - j12,6 \\ -6,7 - j12,6 & 13,3 + j12,6 \end{bmatrix} mS$$

3.2. Serienschaltung

Eine Schaltung nach Bild 23 bezeichnet man als Serienschaltung zweier Zweitore. Die Eingangs- und Ausgangsklemmen sind jeweils in Reihe geschaltet. Zur Berechnung einer Zweitormatrix des Gesamtzweitors eignet sich die Widerstandsform der Zweitorgleichungen (3) (S. 13). Die Gesamtspannungen $\underline{U}_1$ und $\underline{U}_2$ sind die Summen der Einzelspannungen

$$\underline{U}_1 = \underline{U}_{1A} + \underline{U}_{1B}$$

$$\underline{U}_2 = \underline{U}_{2A} + \underline{U}_{2B}$$

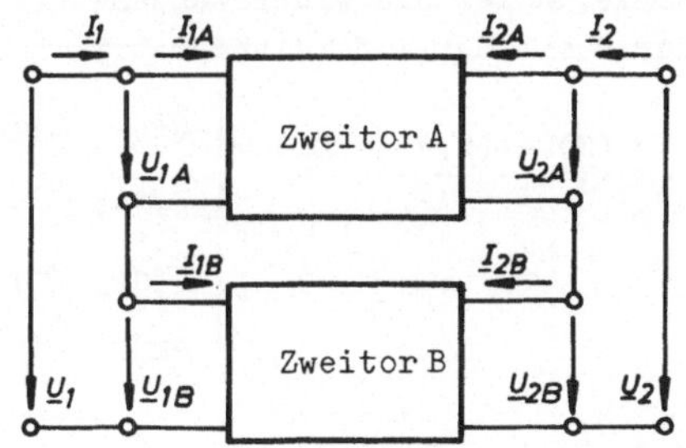

Bild 23 Serienschaltung von Zweitoren

Drückt man die Spannungen der Einzelzweitore durch die Widerstandsgleichungen

$$\underline{U}_{1A} = \underline{Z}_{11A}\underline{I}_{1A} + \underline{Z}_{12A}\underline{I}_{2A} \qquad \underline{U}_{1B} = \underline{Z}_{11B}\underline{I}_{1B} + \underline{Z}_{12B}\underline{I}_{2B}$$

$$\underline{U}_{2A} = \underline{Z}_{21A}\underline{U}_{1A} + \underline{Z}_{22A}\underline{I}_{2A} \qquad \underline{U}_{2B} = \underline{Z}_{21B}\underline{I}_{1B} + \underline{Z}_{22B}\underline{I}_{2B}$$

aus, so erhält man für die Gesamtspannungen

$$\underline{U}_1 = \underline{U}_{1A} + \underline{U}_{1B} = \underline{Z}_{11A}\underline{I}_{1A} + \underline{Z}_{12A}\underline{I}_{2A} + \underline{Z}_{11B}\underline{I}_{1B} + \underline{Z}_{12B}\underline{I}_{2B}$$

$$\underline{U}_2 = \underline{U}_{2A} + \underline{U}_{2B} = \underline{Z}_{21A}\underline{I}_{1A} + \underline{Z}_{22A}\underline{I}_{2A} + \underline{Z}_{21B}\underline{I}_{1B} + \underline{Z}_{22B}\underline{I}_{2B}$$

Berücksichtigt man dann noch für die Ströme

$$\underline{I}_1 = \underline{I}_{1A} = \underline{I}_{1B} \quad \text{und} \quad \underline{I}_2 = \underline{I}_{2A} = \underline{I}_{2B}$$

so findet man die <u>Widerstandsgleichungen des Gesamtzweitors</u>

$$\underline{U}_1 = (\underline{Z}_{11A} + \underline{Z}_{11B})\underline{I}_1 + (\underline{Z}_{12A} + \underline{Z}_{12B})\underline{I}_2$$
$$\underline{U}_2 = (\underline{Z}_{21A} + \underline{Z}_{21B})\underline{I}_1 + (\underline{Z}_{22A} + \underline{Z}_{22B})\underline{I}_2 \tag{81}$$

und in Matrizenschreibweise

$$\begin{bmatrix} \underline{U}_1 \\ \underline{U}_2 \end{bmatrix} = \begin{bmatrix} \underline{Z}_{11A} + \underline{Z}_{11B} & \underline{Z}_{12A} + \underline{Z}_{12B} \\ \underline{Z}_{21A} + \underline{Z}_{21B} & \underline{Z}_{22A} + \underline{Z}_{22B} \end{bmatrix} \begin{bmatrix} \underline{I}_1 \\ \underline{I}_2 \end{bmatrix} \tag{82}$$

Die Widerstandsmatrix des Gesamtzweitors in Gl. (82) ist nach dem Additionsgesetz der Matrizenrechnung (s. Anhang und [2]) die Summe der Einzelmatrizen. Schaltet man also Zweitore in Serie, so ist die Widerstandsmatrix der Serienschaltung gleich der Summe der Widerstandsmatrizen der Einzelzweitore.

$$(\underline{Z}) = (\underline{Z}_A) + (\underline{Z}_B) = \begin{bmatrix} \underline{Z}_{11A} & \underline{Z}_{12A} \\ \underline{Z}_{21A} & \underline{Z}_{22A} \end{bmatrix} + \begin{bmatrix} \underline{Z}_{11B} & \underline{Z}_{12B} \\ \underline{Z}_{21B} & \underline{Z}_{22B} \end{bmatrix} \tag{83}$$

$$= \begin{bmatrix} \underline{Z}_{11A} + \underline{Z}_{11B} & \underline{Z}_{12A} + \underline{Z}_{12B} \\ \underline{Z}_{21A} + \underline{Z}_{21B} & \underline{Z}_{22A} + \underline{Z}_{22B} \end{bmatrix}$$

3.3. Kettenschaltung (I)

Schließt man das Ausgangstor eines Zweitors an das Eingangstor eines anderen an, so spricht man von einer Kettenschaltung von Zweitoren (Bild 24, S. 53). Dabei sind die Ausgangsgrößen des ersten Zweitors zugleich die Eingangsgrößen des zweiten, wenn man für die Ströme die Zählrichtungen des Kettenpfeilsystems verwendet (s. Abschn. 2.1, S. 12).

Zur Bestimmung einer Gesamtmatrix für die Kettenschaltung eignet sich daher die Kettenform der Zweitorgleichungen (5). Um eine übersichtliche Darstellung zu erreichen, werden die Kettenparameter des Zweitors A mit A_{mn}, die des Zweitors B mit B_{mn} bezeichnet; Ströme und Spannungen werden sinngemäß indiziert.

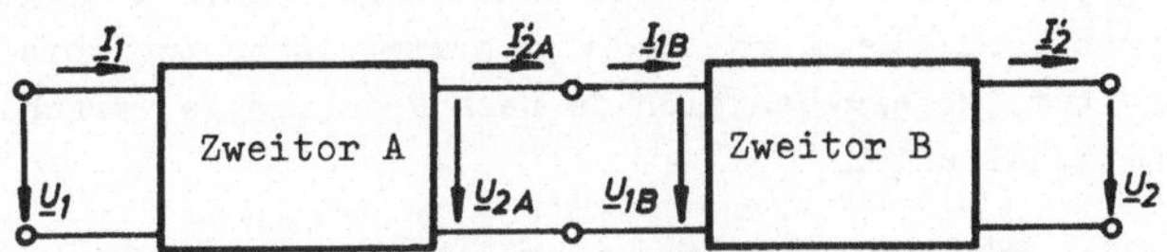

Bild 24   Kettenschaltung von Zweitoren

Für die Ströme und Spannungen in Bild 24 gilt

$$\underline{U}_1 = \underline{U}_{1A} \qquad \underline{U}_{2A} = \underline{U}_{1B} \qquad \underline{U}_2 = \underline{U}_{2B}$$
$$\underline{I}_1 = \underline{I}_{1A} \qquad \underline{I}'_{2A} = \underline{I}_{1B} \qquad \underline{I}'_2 = \underline{I}'_{2B}$$

$$(84)$$

Die Kettengleichungen der beiden Zweitore lauten dann

$$\underline{U}_1 = \underline{U}_{1A} = \underline{A}_{11}\underline{U}_{2A} + \underline{A}_{12}\underline{I}'_{2A} \qquad \underline{U}_{1B} = \underline{B}_{11}\underline{U}_{2B} + \underline{B}_{12}\underline{I}'_{2B}$$
$$\underline{I}_1 = \underline{I}_{1A} = \underline{A}_{21}\underline{U}_{2A} + \underline{A}_{22}\underline{I}'_{2A} \qquad \underline{I}_{1B} = \underline{B}_{21}\underline{U}_{2B} + \underline{B}_{22}\underline{I}'_{2B}$$

Setzt man nun die Eingangsgrößen des zweiten Zweitors $\underline{U}_{1B}$ und $\underline{I}_{1B}$ für die Ausgangsgrößen des ersten ein und berücksichtigt Gl. (84), so erhält man

$$\underline{U}_{1A} = \underline{A}_{11}(\underline{B}_{11}\underline{U}_{2B} + \underline{B}_{12}\underline{I}'_{2B}) + \underline{A}_{12}(\underline{B}_{21}\underline{U}_{2B} + \underline{B}_{22}\underline{I}'_{2B})$$
$$\underline{I}_{1A} = \underline{A}_{21}(\underline{B}_{11}\underline{U}_{2B} + \underline{B}_{12}\underline{I}'_{2B}) + \underline{A}_{22}(\underline{B}_{21}\underline{U}_{2B} + \underline{B}_{22}\underline{I}'_{2B})$$

und schließlich

$$\underline{U}_1 = (\underline{A}_{11}\underline{B}_{11} + \underline{A}_{12}\underline{B}_{21})\underline{U}_2 + (\underline{A}_{11}\underline{B}_{12} + \underline{A}_{12}\underline{B}_{22})\underline{I}'_2$$
$$\underline{I}_1 = (\underline{A}_{21}\underline{B}_{11} + \underline{A}_{22}\underline{B}_{21})\underline{U}_2 + (\underline{A}_{21}\underline{B}_{12} + \underline{A}_{22}\underline{B}_{22})\underline{I}'_2$$

$$(85)$$

Nach den Regeln der Matrizenrechnung (s. Anhang und [2]) ist die Kettenmatrix des Gesamtzweitors das Produkt der Einzelmatrizen

$$(\underline{A}_{ges}) = (\underline{A})(\underline{B}) = \begin{bmatrix} \underline{A}_{11} & \underline{A}_{12} \\ \underline{A}_{21} & \underline{A}_{22} \end{bmatrix}\begin{bmatrix} \underline{B}_{11} & \underline{B}_{12} \\ \underline{B}_{21} & \underline{B}_{22} \end{bmatrix}$$

$$(86)$$

$$(\underline{A}_{ges}) = \begin{bmatrix} \underline{A}_{11}\underline{B}_{11} + \underline{A}_{12}\underline{B}_{21} & \underline{A}_{11}\underline{B}_{12} + \underline{A}_{12}\underline{B}_{22} \\ \underline{A}_{21}\underline{B}_{11} + \underline{A}_{22}\underline{B}_{21} & \underline{A}_{21}\underline{B}_{12} + \underline{A}_{22}\underline{B}_{22} \end{bmatrix}$$

Bei der Matrizenmultiplikation ist zu beachten, daß das kommutative Gesetz <u>nicht</u> gilt, also $(\underline{A})(\underline{B}) \neq (\underline{B})(\underline{A})$ ist (s. Anhang und [2]). Dieser Umstand ist schaltungstechnisch leicht zu interpretieren: Wenn man zwei unsymmetrische Zweitore in Kette schaltet, so ergeben sich je nach Reihenfolge verschiedene Gesamtschaltungen.

<u>Beispiel 10:</u> Für eine RC-Kette nach Bild 25 mit den Wirkwiderständen R = 5 kΩ und den Kapazitäten C = 2 nF ist für die Frequenz f = 51 kHz die Kettenmatrix aufzustellen. Insbesonders ist das Spannungsverhältnis $\underline{U}_2/\underline{U}_1$ nach Betrag und Phase zu bestimmen.

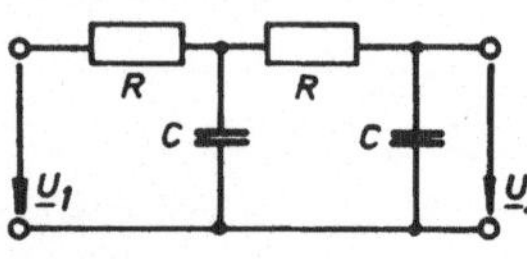

Bild 25   RC-Kette

Die RC-Kette in Bild 25 ist die Kettenschaltung von zwei einfacheren RC-Zweitoren nach Beispiel 3 (Bild 9, S. 22). Die Kettenmatrix des einfachen RC-Zweitors lautet auf S. 25

$$(\underline{A}) = \begin{bmatrix} 1 + j\omega CR & R \\ j\omega C & 1 \end{bmatrix}$$

Die Kettenschaltung in Bild 25 lautet mit Gl. (86) also

$$(\underline{A}_{ges}) = (\underline{A})(\underline{A}) = \begin{bmatrix} 1 + j\omega CR & R \\ j\omega C & 1 \end{bmatrix}\begin{bmatrix} 1 + j\omega CR & R \\ j\omega C & 1 \end{bmatrix}$$

$$= \begin{bmatrix} (1 + j\omega CR)^2 + j\omega C & (1 + j\omega CR)R + R \\ (1 + j\omega CR)j\omega C + j\omega C & 1 + j\omega CR \end{bmatrix}$$

$$= \begin{bmatrix} 1 + 3j\omega CR - (\omega CR)^2 & 2R + j\omega CR^2 \\ -(\omega C)^2 R + 2j\omega C & 1 + j\omega CR \end{bmatrix}$$

Mit der Kreisfrequenz $\omega = 2\pi f = 3{,}2 \cdot 10^5$ s^{-1}, dem Blindleitwert $\omega C = 3{,}2 \cdot 10^5$ s$^{-1} \cdot 2$ nF = 640 µS und dem Produkt $\omega CR = 640$ µS $\cdot 5$ kΩ = 3,2 erhält man für die Kettenmatrix

$$(\underline{A}_{ges}) = \begin{bmatrix} -9,2 + j9,6 & (10 + j16)\,k\Omega \\ (-2,05 + j1,28)\,mS & 1 + j3,2 \end{bmatrix}$$

Das gesuchte Spannungsverhältnis $\underline{U}_2/\underline{U}_1$ gewinnt man aus der reziproken Spannungsübersetzung

$$\underline{U}_2/\underline{U}_1 = 1/\underline{A}_{11} = 1/(-9,2 + j9,6) = 0,075\,e^{-j134^\circ}$$

3.4. Kettenschaltung von gleichen Zweitoren

Eine besondere Art von Kettenschaltungen erhält man, wenn gleiche Zweitore zu Ketten zusammengeschaltet werden. Dabei sind zwei Schaltungsmöglichkeiten zu unterscheiden, gleichsinnige und gegensinnige Kettenschaltungen (Bild 26).

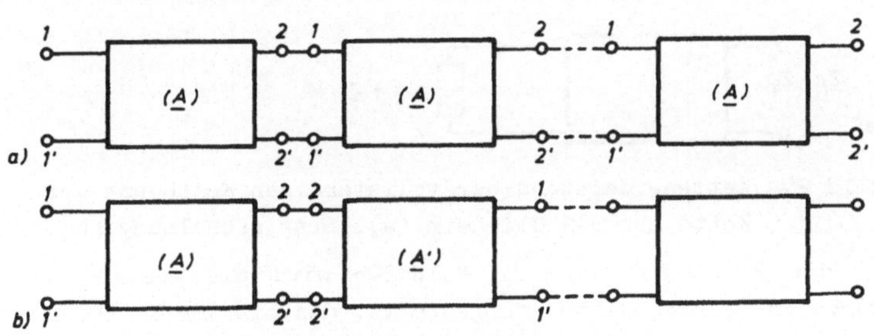

Bild 26   Kettenschaltung gleicher Zweitore
  a) gleichsinnige Kettenschaltung
  b) gegensinnige Kettenschaltung

Gleichsinnige Kettenschaltung zweier Zweitore. Die Kettenmatrix einer gleichsinnigen Kettenschaltung von zwei Zweitoren lautet mit Gl. (86) (S. 53)

$$(\underline{A}_{ges}) = (\underline{A})(\underline{A}) = \begin{bmatrix} \underline{A}_{11} & \underline{A}_{12} \\ \underline{A}_{21} & \underline{A}_{22} \end{bmatrix} \begin{bmatrix} \underline{A}_{11} & \underline{A}_{12} \\ \underline{A}_{21} & \underline{A}_{22} \end{bmatrix}$$

$$= \begin{bmatrix} \underline{A}_{11}^2 + \underline{A}_{12}\underline{A}_{21} & \underline{A}_{11}\underline{A}_{12} + \underline{A}_{12}\underline{A}_{22} \\ \underline{A}_{11}\underline{A}_{21} + \underline{A}_{22}\underline{A}_{21} & \underline{A}_{12}\underline{A}_{21} + \underline{A}_{22}^2 \end{bmatrix} \quad (87)$$

Gleichsinnige Kettenschaltung vieler Zweitore. Schaltet man eine große Zahl gleicher Zweitore gleichsinnig in Kette, so nähert sich der Eingangswiderstand dieser Kette einem Grenzwert, dem **Kettenwiderstand** $\underline{Z}_k$. Um diesen Kettenwiderstand zu berechnen, geht man von einer Kette mit hinreichend vielen Zweitoren aus. Ihr Eingangswiderstand ändert sich sicher nicht, wenn man ein Zweitor, z.B. das erste, wegläßt. So ist der Eingangswiderstand der vollständigen Kette aus n Gliedern gleich dem der Kette aus n–1 Gliedern (Bild 27a).

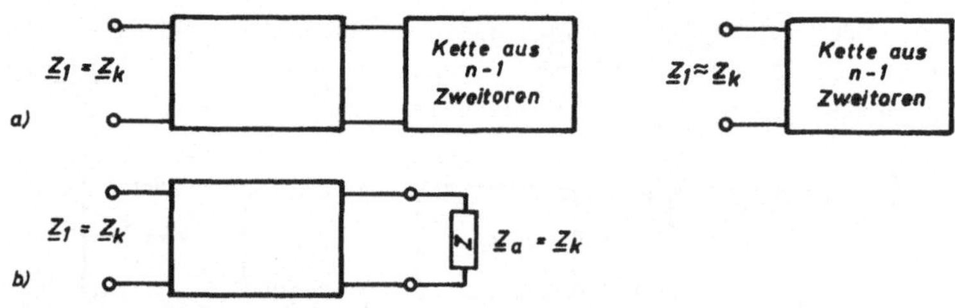

Bild 27 Kettenwiderstand der vollständigen Kette und der
Kette aus n–1 Gliedern (a), Ersatzschaltung (b)

In der Ersatzschaltung in Bild 27b wird die gesamte Kette durch das erste Zweitor dargestellt, das mit dem Kettenwiderstand abgeschlossen ist. Mit Gl. (70) (S. 44) für den Eingangswiderstand eines beliebig abgeschlossenen Zweitors

$$\underline{Z}_1 = \frac{\underline{A}_{11}\underline{Z}_a + \underline{A}_{12}}{\underline{A}_{21}\underline{Z}_a + \underline{Z}_{22}} \tag{70}$$

kann man den Kettenwiderstand bestimmen. Da nämlich das erste Zweitor der Kette mit dem Kettenwiderstand abgeschlossen ist und sein Eingangswiderstand ebenfalls gleich dem Kettenwiderstand ist, erhält man mit Gl. (70) und den Bedingungen $\underline{Z}_1 = \underline{Z}_k$ und $\underline{Z}_a = \underline{Z}_k$ eine Bestimmungsgleichung für den Kettenwiderstand

$$\underline{Z}_k = \frac{\underline{A}_{11}\underline{Z}_k + \underline{A}_{12}}{\underline{A}_{21}\underline{Z}_k + \underline{A}_{22}}$$

Stellt man diesen Ausdruck um, so erhält man schließlich eine quadratische Bestimmungsgleichung für den Kettenwiderstand

$$\underline{Z}_k^2 \underline{A}_{21} + \underline{Z}_k (\underline{A}_{22} - \underline{A}_{11}) - \underline{A}_{12} = 0 \tag{88}$$

Um den Kettenwiderstand auch durch andere Vierpolparameter ausdrücken zu können, ersetzt man die Kettenparameter in Gl. (88) mit den Umrechnungsgleichungen aus Tafel 3 (S. 29) durch Widerstands-, Leitwert- und Hybridparameter.

$$\underline{Z}_k^2 \frac{1}{\underline{Z}_{21}} + \underline{Z}_k \left[\frac{\underline{Z}_{22}}{\underline{Z}_{21}} - \frac{\underline{Z}_{11}}{\underline{Z}_{21}} \right] - \frac{\underline{Z}}{\underline{Z}_{21}} = 0$$

$$\underline{Z}_k^2 \frac{-\underline{Y}}{\underline{Y}_{21}} + \underline{Z}_k \left[\frac{\underline{Y}_{22}}{\underline{Y}_{21}} - \frac{\underline{Y}_{11}}{\underline{Y}_{21}} \right] - \frac{1}{\underline{Y}_{21}} = 0$$

$$\underline{Z}_k^2 \frac{\underline{h}_{22}}{\underline{h}_{21}} - \underline{Z}_k \left[\frac{\underline{h}}{\underline{h}_{21}} - \frac{1}{\underline{h}_{21}} \right] - \frac{\underline{h}_{11}}{\underline{h}_{21}} = 0$$

Die Lösungen dieser quadratischen Gleichungen lauten

$$\underline{Z}_{k_{1;2}} = \frac{1}{2\underline{A}_{21}} \left[\underline{A}_{11} - \underline{A}_{22} \pm \sqrt{(\underline{A}_{11} - \underline{A}_{22})^2 + 4\underline{A}_{12}\underline{A}_{21}} \right] \tag{89}$$

$$\underline{Z}_{k_{1;2}} = \frac{1}{2} \left[\underline{Z}_{11} - \underline{Z}_{22} \pm \sqrt{(\underline{Z}_{11} - \underline{Z}_{22})^2 + 4\underline{Z}} \right] \tag{90}$$

$$\underline{Z}_{k_{1;2}} = \frac{1}{2\underline{Y}} \left[\underline{Y}_{22} - \underline{Y}_{11} \pm \sqrt{(\underline{Y}_{22} - \underline{Y}_{11})^2 + 4\underline{Y}} \right] \tag{91}$$

$$\underline{Z}_{k_{1;2}} = \frac{1}{2\underline{h}_{22}} \left[\underline{h} - 1 \pm \sqrt{(\underline{h} - 1)^2 + 4\underline{h}_{11}\underline{h}_{22}} \right] \tag{92}$$

Die Bestimmungsgleichungen für den Kettenwiderstand sind quadratische Gleichungen, daher erhält man jeweils zwei Lösungen. Bei passiven, linearen Zweitoren ist diejenige Lösung die sinnvolle, deren <u>Wirkanteil positiv</u> ist. Die Lösung mit dem negativen Wirkanteil entfällt. Versagt diese Regel, dann gilt allgemeiner, daß die sinnvolle Lösung jene ist, die dem Leerlauf-Eingangswiderstand $\underline{Z}_{11}$ am nächsten kommt.

Diese Lösung wird stabile Lösung genannt. Diese Regel muß angewendet werden, wenn die Kettenschaltung nur aus Induktivitäten und Kapazitäten aufgebaut ist (Reaktanzzweitore).

Kettenwiderstand längssymmetrischer Zweitore. Längssymmetrische Zweitore haben besonders einfache Gleichungen für den Kettenwiderstand. Mit dem Umkehrungssatz Gl. (54) (S. 34), der Symmetriegleichung (62) (S. 37) und der Determinante Gl. (58) (S. 33) findet man ausgehend von Gl. (90)

$$\underline{Z}_{k_{1;2}} = \pm\sqrt{\underline{Z}} = \pm\sqrt{\frac{1}{\underline{Y}}} = \pm\sqrt{\frac{\underline{A}_{12}}{\underline{A}_{21}}} = \pm\sqrt{\frac{\underline{h}_{11}}{\underline{h}_{22}}} \tag{93}$$

Beispiel 11: Für eine Dämpfungskette nach Bild 28a mit dem Wirkwiderstand R = 1 kΩ ist der Kettenwiderstand zu bestimmen.

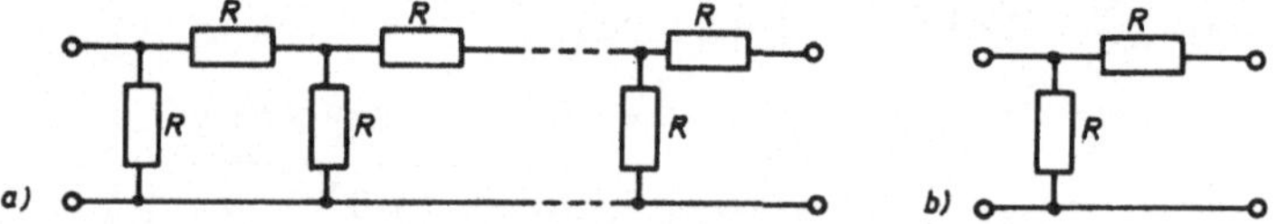

Bild 28   Dämpfungskette (a), Einzelzweitor (b)

Um den Kettenwiderstand berechnen zu können, muß zunächst eine Zweitormatrix des Einzelzweitors (Bild 28b) aufgestellt werden, aus dem die Kette aufgebaut ist. In diesem Falle läßt sich die Widerstandsmatrix am einfachsten bestimmen. Mit Gl. (25) bis (28) (S. 21) finden wir die Widerstandsparameter

$$\underline{Z}_{11} = \frac{\underline{U}_1}{\underline{I}_1}\bigg|_{\underline{I}_2 = 0} = R = 1 \text{ k}\Omega$$

$$\underline{Z}_{12} = \underline{Z}_{21} = \frac{\underline{U}_2}{\underline{I}_1}\bigg|_{\underline{I}_2 = 0} = R = 1 \text{ k}\Omega$$

$$\underline{Z}_{22} = \frac{\underline{U}_2}{\underline{I}_2}\bigg|_{\underline{I}_1 = 0} = 2R = 2 \text{ k}\Omega$$

Mit Gl. (90) (S. 57) erhält man den Kettenwiderstand

$$\underline{Z}_{k_{1;2}} = \frac{1}{2}\left[\underline{Z}_{11} - \underline{Z}_{22} \pm \sqrt{(\underline{Z}_{11} - \underline{Z}_{22})^2 + 4\underline{Z}}\,\right]$$

$$= \frac{1}{2}\left[R - 2R \pm \sqrt{(R - 2R)^2 + 4R^2}\,\right] = -\frac{R}{2} \pm \frac{R}{2}\sqrt{5}$$

Da nur die positive Lösung sinnvoll ist, ergibt sich für den Kettenwiderstand

$$\underline{Z}_k = \frac{R}{2}(\sqrt{5} - 1) = 618\ \Omega$$

Es ist in diesem Zusammenhang interessant, daß eine Kette aus nur <u>drei Gliedern</u> nach Bild 29 einen vom Abschluß praktisch unabhängigen Eingangswiderstand hat, der dem Kettenwiderstand sehr nahe kommt. Der Eingangswiderstand einer kurzgeschlossenen Dreierkette nach Bild 29 beträgt

$$\underline{Z}_1 = \frac{8}{13}R = 615\ \Omega$$

und der einer leerlaufenden Dreierkette

$$\underline{Z}_1 = \frac{5}{8}R = 625\ \Omega$$

Bild 29   Dreierkette

<u>Gegensinnige Kettenschaltung zweier Zweitore</u> Eine gegensinnige Kettenschaltung von zwei Zweitoren nach Bild 26b (S. 55) besteht aus dem ersten Zweitor und seiner Umkehrung. Die Kettenmatrix dieser Schaltung ist daher das Produkt aus der Kettenmatrix des ersten Zweitors und der Matrix seiner Umkehrung Gl. (66) (S. 41)

$$(\underline{A}_{ges}) = (\underline{A})(\underline{A}') = \begin{bmatrix} \underline{A}_{11} & \underline{A}_{12} \\ \underline{A}_{21} & \underline{A}_{22} \end{bmatrix}\begin{bmatrix} \underline{A}_{22} & \underline{A}_{12} \\ \underline{A}_{21} & \underline{A}_{11} \end{bmatrix}$$

$$= \begin{bmatrix} \underline{A}_{11}\underline{A}_{22} + \underline{A}_{12}\underline{A}_{21} & 2\underline{A}_{11}\underline{A}_{12} \\ 2\underline{A}_{21}\underline{A}_{22} & \underline{A}_{11}\underline{A}_{22} + \underline{A}_{12}\underline{A}_{21} \end{bmatrix} \qquad (94)$$

<u>Gegensinnige Kettenschaltung vieler Zweitore.</u> Schaltet man
eine große Anzahl gleicher Zweitore gegensinnig nach Bild 26b
in Kette, so nähert sich der Eingangswiderstand mit zuneh-
mender Zweitorzahl einem Grenzwert – dem <u>Wellenwiderstand</u> $\underline{Z}_L$.
Der Wellenwiderstand wird ähnlich wie der Kettenwiderstand
bestimmt. Besteht nämlich die Kettenschaltung aus hinreichend
vielen Zweitoren, so wird sich der Eingangswiderstand der
Kette sicher nicht ändern, wenn man zwei Zweitore, z.B. die
ersten beiden in Bild 30a, wegläßt.

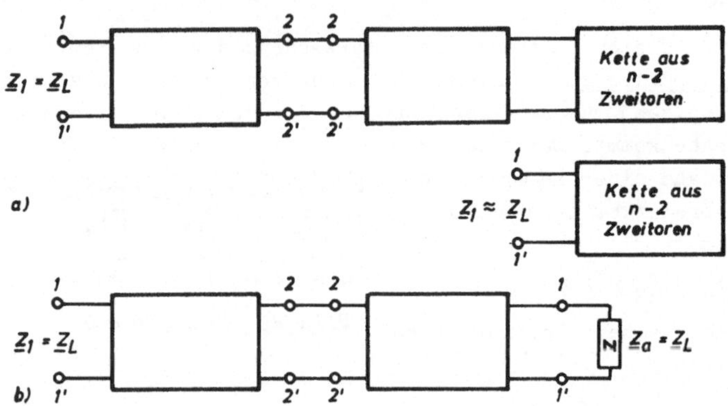

Bild 30 Wellenwiderstand der vollständigen Kette und der
         Kette aus n-2 Gliedern (a), Ersatzschaltung (b)

Zur Berechnung des Wellenwiderstandes gehen wir von der Ersatzschaltung in Bild 30b aus. Die gegensinnige Kettenschaltung zweier Zweitore mit der Kettenmatrix Gl. (94) (S. 59)
ist mit dem Wellenwiderstand $\underline{Z}_L$ abgeschlossen. Ihr Eingangswiderstand ist ebenfalls gleich dem Wellenwiderstand. Mit Gl.
(70) (S. 44) für den Eingangswiderstand eines Zweitors er-
hält man mit $\underline{Z}_1 = \underline{Z}_L$ und $\underline{Z}_a = \underline{Z}_L$ und den Kettenparametern der
gegensinnigen Kettenschaltung aus Gl. (94) über

$$\underline{Z}_1 = \underline{Z}_L = \frac{(\underline{A}_{11}\underline{A}_{22} + \underline{A}_{12}\underline{A}_{21})\underline{Z}_L + 2\underline{A}_{12}\underline{A}_{11}}{2\underline{A}_{22}\underline{A}_{21}\underline{Z}_L + \underline{A}_{11}\underline{A}_{22} + \underline{A}_{12}\underline{A}_{21}}$$

eine Bestimmungsgleichung für den Wellenwiderstand $\underline{Z}_L$.

$$\underline{Z}_L^2 \underline{A}_{22}\underline{A}_{21} - \underline{A}_{11}\underline{A}_{12} = 0 \tag{95}$$

Die Lösung von Gl. (95) lautet

$$\underline{Z}_L = \pm \sqrt{\frac{\underline{A}_{11}\underline{A}_{12}}{\underline{A}_{21}\underline{A}_{22}}} \tag{96}$$

Ausgedrückt durch andere Zweitorparameter mit Tafel 3 (S. 29) erhält man für den Wellenwiderstand

$$\underline{Z}_{L_{1;2}} = \pm \sqrt{\frac{\underline{Z}_{11}}{\underline{Z}_{22}}\,\underline{Z}} \;=\; \pm \sqrt{\frac{\underline{Y}_{22}}{\underline{Y}_{11}}\,\frac{1}{\underline{Y}}} \;=\; \pm \sqrt{\frac{\underline{h}_{11}}{\underline{h}_{22}}\,\underline{h}} \tag{97}$$

Wellenwiderstand längssymmetrischer Zweitore. Für längssymmetrische Zweitore findet man mit den Symmetriegleichungen Gl. (61) bis (63) (S. 37) und der Determinante Gl. (60) (S. 36) den Wellenwiderstand

$$\underline{Z}_{L_{1;2}} = \pm \sqrt{\underline{Z}} \;=\; \pm \sqrt{1/\underline{Y}} \;=\; \pm \sqrt{\frac{\underline{h}_{11}}{\underline{h}_{22}}} \;=\; \pm \sqrt{\frac{\underline{A}_{12}}{\underline{A}_{21}}} \tag{98}$$

Bei längssymmetrischen Zweitoren sind Wellen- und Kettenwiderstände gleich, s. Gl. (93) (S. 58) und Gl. (97), denn wegen der Symmetrie der Zweitore sind die gleichsinnige und gegensinnige Kettenschaltung gleich.

Ein theoretisch wichtiger Zusammenhang folgt aus Gl. (97), wenn man aus Tafel 3 Gl. (43) (S. 29) $\underline{Z}_{11} = \underline{Y}_{22}/\underline{Y}$ berücksichtigt

$$\underline{Z}_{L_{1;2}} = \pm \sqrt{\frac{\underline{Z}_{11}}{\underline{Y}_{11}}} \tag{99}$$

Der Wellenwiderstand ist also das geometrische Mittel aus dem Kurzschluß-Eingangswiderstand $1/\underline{Y}_{11}$ und dem Leerlauf-Eingangswiderstand $\underline{Z}_{11}$.

Die Bestimmungsgleichung (95) für den Wellenwiderstand ist wie beim Kettenwiderstand eine quadratische Gleichung. Die Doppeldeutigkeit der Lösungen (96) bis (99) wird nach den gleichen Kriterien aufgelöst (S. 57). Die sinnvolle Lösung ist die mit positivem Wirkanteil bzw. diejenige, die dem Leerlauf-Eingangswiderstand $\underline{Z}_{11}$ am nächsten kommt.

__Beispiel 12:__ Wellenwiderstand einer verlustlosen Leitung. Zerlegt man eine homogene, verlustlose Leitung in differentiell kleine Elemente, so kann man ein Leitungselement durch eine symmetrische T-Ersatzschaltung nach Bild 31 darstellen.

Der Wellenwiderstand läßt sich am einfachsten mit Gl. (99) berechnen.

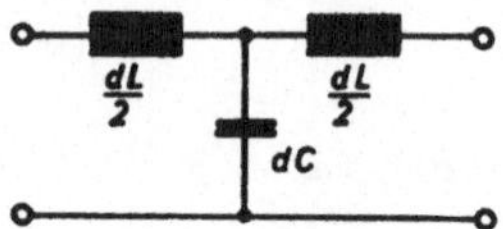

Bild 31 Leitungs-
element

$$\underline{Z}_{L_{1;2}} = \pm \sqrt{\frac{\underline{Z}_{11}}{\underline{Y}_{11}}} \qquad (99)$$

Der Leerlauf-Eingangswiderstand des Leitungselements in Bild 31 beträgt

$$\underline{Z}_{11} = \frac{\underline{U}_1}{\underline{I}_1}\bigg|_{\underline{I}_2 = 0} = j\omega\frac{dL}{2} - j\,\frac{1}{\omega dC}$$

und der Kurzschluß-Eingangswiderstand lautet

$$\frac{1}{\underline{Y}_{11}} = \frac{\underline{U}_1}{\underline{I}_1}\bigg|_{\underline{U}_2 = 0} = j\omega\frac{dL}{2} + \frac{\frac{1}{2}\cdot\frac{dL}{dC}}{j\omega\frac{dL}{2} - j\,\frac{1}{\omega dC}}$$

Mit Gl. (99) findet man den Wellenwiderstand

$$\underline{Z}_{L_{1;2}} = \pm \sqrt{\frac{\underline{Z}_{11}}{\underline{Y}_{11}}} = \pm \sqrt{-\frac{1}{4}(\omega dL)^2 + \frac{dL}{dC}}$$

und mit $(dL)^2 \ll dL$ schließlich

$$\underline{Z}_L = \sqrt{\frac{dL}{dC}}$$

Bezeichnet man den Induktivitätsbelag der Leitung pro Längeneinheit mit L' und den Kapazitätsbelag mit C', so erhält man für ein differentiell kleines Leitungsstück der Länge dl die Induktivität dL = L'dl und die Kapazität dC = C'dl. Für den Wellenwiderstand der homogenen, verlustlosen Leitung ergibt sich dann der reelle Ausdruck

$$\underline{Z}_L = \sqrt{\frac{L'}{C'}}$$

3.5. Serien-Parallelschaltung

Unter einer Serien-Parallelschaltung zweier Zweitore versteht man eine Schaltung nach Bild 32. Die Eingangsklemmen sind in Reihe, die Ausgangsklemmen parallel geschaltet.

Zur Bestimmung einer Matrix des Gesamtzweitors eignen sich die Zweitorgleichungen in Hybridform Gl. (7) (S. 13). Die Eingangsspannung $\underline{U}_1$ ist die Summe der Einzelspannungen, der Ausgangsstrom $\underline{I}_2$ die Summe der Einzelströme

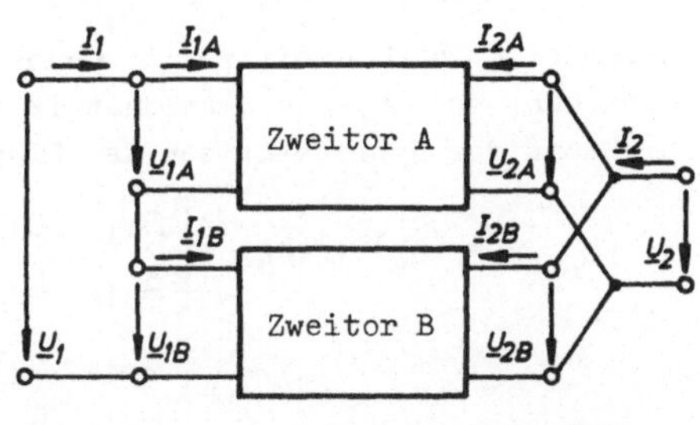

Bild 32 Serien-Parallelschaltung

$$\underline{U}_1 = \underline{U}_{1A} + \underline{U}_{1B} \quad \text{und} \quad \underline{I}_2 = \underline{I}_{2A} + \underline{I}_{2B}$$

Drückt man die Eingangsspannung und den Ausgangsstrom der Einzelzweitore durch die Hybridgleichungen

$$\underline{U}_{1A} = \underline{h}_{11A}\underline{I}_{1A} + \underline{h}_{12A}\underline{U}_{2A} \qquad \underline{U}_{1B} = \underline{h}_{11B}\underline{I}_{1B} + \underline{h}_{12B}\underline{U}_{2B}$$

$$\underline{I}_{2A} = \underline{h}_{21A}\underline{I}_{1A} + \underline{h}_{22A}\underline{U}_{2A} \qquad \underline{I}_{2B} = \underline{h}_{21B}\underline{I}_{1B} + \underline{h}_{22B}\underline{U}_{2B}$$

aus, so erhält man für die Gesamteingangsspannung $\underline{U}_1$ und den Gesamtausgangsstrom $\underline{I}_2$

$$\underline{U}_1 = \underline{U}_{1A} + \underline{U}_{1B} = \underline{h}_{11A}\underline{I}_{1A} + \underline{h}_{12A}\underline{U}_{2A} + \underline{h}_{11B}\underline{I}_{1B} + \underline{h}_{12B}\underline{U}_{2B}$$

$$\underline{I}_2 = \underline{I}_{2A} + \underline{I}_{2B} = \underline{h}_{21A}\underline{I}_{1A} + \underline{h}_{22A}\underline{U}_{2A} + \underline{h}_{21B}\underline{I}_{1B} + \underline{h}_{22B}\underline{U}_{2B}$$

Berücksichtigt man für die Eingangsströme und Ausgangsspannungen

$$\underline{I}_1 = \underline{I}_{1A} = \underline{I}_{1B} \quad \text{und} \quad \underline{U}_2 = \underline{U}_{2A} = \underline{U}_{2B}$$

so erhält man die <u>Hybridgleichungen des Gesamtzweitors</u>

$$\underline{U}_1 = (\underline{h}_{11A} + \underline{h}_{11B})\underline{I}_1 + (\underline{h}_{12A} + \underline{h}_{12B})\underline{U}_2$$

$$\underline{I}_2 = (\underline{h}_{21A} + \underline{h}_{21B})\underline{I}_1 + (\underline{h}_{22A} + \underline{h}_{22B})\underline{U}_2$$

(100)

und in Matrizenschreibweise

$$\begin{bmatrix} \underline{U}_1 \\ \underline{I}_2 \end{bmatrix} = \begin{bmatrix} \underline{h}_{11A} + \underline{h}_{11B} & \underline{h}_{12A} + \underline{h}_{12B} \\ \underline{h}_{21A} + \underline{h}_{21B} & \underline{h}_{22A} + \underline{h}_{22B} \end{bmatrix} \begin{bmatrix} \underline{I}_1 \\ \underline{U}_2 \end{bmatrix} \qquad (101)$$

Werden also zwei Zweitore in einer Serien-Parallelschaltung betrieben, so ist die Hybridmatrix des Gesamtzweitors gleich der Summe der Hybridmatrizen der Einzelzweitore.

$$(\underline{h}_{ges}) = (\underline{h}_A) + (\underline{h}_B) = \begin{bmatrix} \underline{h}_{11A} & \underline{h}_{12A} \\ \underline{h}_{21A} & \underline{h}_{22A} \end{bmatrix} + \begin{bmatrix} \underline{h}_{11B} & \underline{h}_{12B} \\ \underline{h}_{21B} & \underline{h}_{22B} \end{bmatrix} \qquad (102)$$

$$= \begin{bmatrix} \underline{h}_{11A} + \underline{h}_{11B} & \underline{h}_{12A} + \underline{h}_{12B} \\ \underline{h}_{21A} + \underline{h}_{21B} & \underline{h}_{22A} + \underline{h}_{22B} \end{bmatrix}$$

4. Elementarzweitore

In Abschnitt 2.4 wird der Umkehrungssatz am kompliziertesten Zweitor hergeleitet, das man zwischen vier Klemmen aufbauen kann, am vollständigen X-"Vierpol" nach Bild 13 (S. 32). Mit dieser Schaltung und ihren Matrizen wird grundsätzlich die Gesamtheit aller Zweitore erfaßt, falls sie nicht durch weitergehende Kombinationen (s. Abschn. 3) entstanden sind. Nun sind nicht alle Zweitore so kompliziert wie ein vollständiger X-"Vierpol". Daher ist es für den praktischen Gebrauch der Zweitortheorie nützlich und bequem, wenn man eine Zusammenstellung möglichst vieler Zweitore und ihrer Matrizen hat.

Um eine solche Liste aufzustellen, baut man nacheinander aus ein, zwei und mehr komplexen Widerständen alle möglichen Zweitore auf und bestimmt ihre Matrizen. Die komplizierteste Schaltung wird dann schließlich der oben erwähnte X-"Vierpol" sein (Bild 13, S. 32), der aus sechs komplexen Widerständen besteht. Eine Matrix muß dabei in der für die Schaltung günstigsten Form mit den Bestimmungsgleichungen aus Tafel 2 (S. 21) aufgestellt werden, die übrigen erhält man mit Tafel 3 (S. 29). Auf diese Weise entsteht im Folgenden eine Liste von

14 nummerierten Elementarzweitoren. Diese 14 Zweitorberechnungen sind dazu allgemeinere Beispiele für die Aufstellung und Umrechnung von Zweitormatrizen.

In den folgenden Ableitungen und Umrechnungen werden die vereinfachenden Gleichungen des Umkehrungssatzes Gl. (53) bis (56) und die Symmetriegleichungen (61) bis (63) verwendet, ohne immer ausdrücklich zitiert zu werden.

4.1. Zweitor mit einem Widerstand

__Zweitor I.__ Mit Gl. (21) bis (24) (S. 21) berechnet man die Leitwertparameter

$$\underline{Y}_{11} = \left.\frac{\underline{I}_1}{\underline{U}_1}\right|_{\underline{U}_2 = 0} = 1/\underline{Z}$$

$$\underline{Y}_{12} = \left.\frac{\underline{I}_1}{\underline{U}_2}\right|_{\underline{U}_1 = 0} = -1/\underline{Z}$$

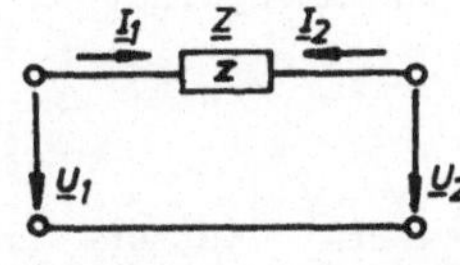

Bild 33   Zweitor I

Da Zweitor I symmetrisch ist, gilt $\underline{Y}_{11} = \underline{Y}_{22}$ und nach dem Umkehrungssatz $\underline{Y}_{12} = \underline{Y}_{21}$. Die Leitwertparameter ergeben zusammengefaßt die Leitwertmatrix

$$(\underline{Y}) = \begin{bmatrix} \dfrac{1}{\underline{Z}} & -\dfrac{1}{\underline{Z}} \\ -\dfrac{1}{\underline{Z}} & \dfrac{1}{\underline{Z}} \end{bmatrix} \tag{103}$$

Mit den Umrechnungsgleichungen aus Tafel 3 (S. 29) erhält man hieraus die Widerstands-, Ketten- und Hybridmatrix

$$(\underline{Z}) \text{ ist unbestimmt, da } \underline{Y} = 0$$

$$(\underline{A}) = \begin{bmatrix} 1 & \underline{Z} \\ 0 & 1 \end{bmatrix} \tag{104}$$

$$(\underline{h}) = \begin{bmatrix} \underline{Z} & 1 \\ -1 & 0 \end{bmatrix} \tag{105}$$

<u>Zweitor II.</u> Mit Gl. (25) bis (28) (S. 21) ermittelt man die Widerstandsparameter

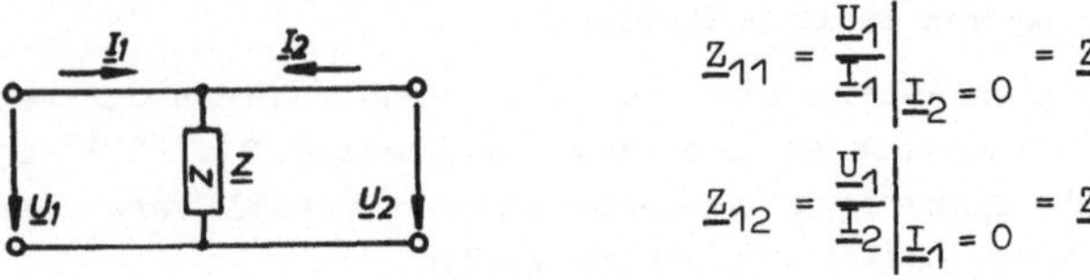

$$Z_{11} = \frac{U_1}{I_1}\Bigg|_{I_2 = 0} = Z$$

$$Z_{12} = \frac{U_1}{I_2}\Bigg|_{I_1 = 0} = Z$$

Bild 34 Zweitor II

Da dieses Zweitor symmetrisch ist, gilt $Z_{11} = Z_{22}$ und nach dem Umkehrungssatz $Z_{12} = Z_{21}$. Die Widerstandsparameter ergeben zusammengefaßt die Widerstandsmatrix

$$(Z) = \begin{bmatrix} Z & Z \\ Z & Z \end{bmatrix} \tag{106}$$

Leitwert-, Ketten- und Hybridmatrix erhält man mit den Umrechnungsgleichungen aus Tafel 3 (S. 29).

(Y) ist unbestimmt, da Determinante $Z = 0$

$$(A) = \begin{bmatrix} 1 & 0 \\ 1/Z & 1 \end{bmatrix} \tag{107}$$

$$(h) = \begin{bmatrix} 0 & 1 \\ -1 & 1/Z \end{bmatrix} \tag{108}$$

<u>4.2. Zweitore mit zwei Widerständen</u>

<u>Zweitor III.</u> Mit Gl. (21) bis (24) (S. 21) bestimmt man die Leitwertparameter

$$Y_{11} = \frac{I_1}{U_1}\Bigg|_{U_2 = 0} = 1/(Z_1 + Z_2)$$

$$Y_{12} = \frac{I_1}{U_2}\Bigg|_{U_1 = 0} = -1/(Z_1 + Z_2)$$

Bild 35 Zweitor III

Zusammengefaßt ergeben die Leitwertparameter die Leitwertmatrix

$$(\underline{Y}) = \begin{bmatrix} \dfrac{1}{\underline{Z}_1 + \underline{Z}_2} & \dfrac{-1}{\underline{Z}_1 + \underline{Z}_2} \\[2ex] \dfrac{-1}{\underline{Z}_1 + \underline{Z}_2} & \dfrac{1}{\underline{Z}_1 + \underline{Z}_2} \end{bmatrix} \qquad (109)$$

Mit den Umrechnungsgleichungen aus Tafel 3 (S. 29) erhält man die Widerstands-, Ketten- und Hybridmatrix

$(\underline{Z})$ ist unbestimmt, da $\underline{Y} = 0$

$$(\underline{A}) = \begin{bmatrix} 1 & \underline{Z}_1 + \underline{Z}_2 \\[1ex] 0 & 1 \end{bmatrix} \qquad (110)$$

$$(\underline{h}) = \begin{bmatrix} \underline{Z}_1 + \underline{Z}_2 & 1 \\[1ex] -1 & 0 \end{bmatrix} \qquad (111)$$

<u>Zweitor IV.</u> Die Leitwertparameter erhält man mit Gl. (21) bis (24) (S. 21)

$$\underline{Y}_{11} = \left. \dfrac{\underline{I}_1}{\underline{U}_1} \right|_{\underline{U}_2 = 0} = \dfrac{1}{\underline{Z}_1}$$

$$\underline{Y}_{12} = \left. \dfrac{\underline{I}_1}{\underline{U}_2} \right|_{\underline{U}_1 = 0} = 0$$

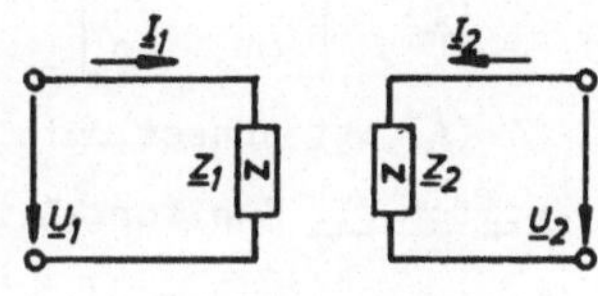

Bild 36   Zweitor IV

denn schließt man die Eingangsklemmen kurz, fließt in der Eingangsmasche kein Strom, $\underline{I}_1 = 0$. Mit Gl. (53) (S. 34) findet man $\underline{Y}_{21} = \underline{Y}_{12}$.

$$\underline{Y}_{22} = \left. \dfrac{\underline{I}_2}{\underline{U}_2} \right|_{\underline{U}_1 = 0} = \dfrac{1}{\underline{Z}_2}$$

Die Leitwertparameter ergeben zusammengefaßt die Leitwertmatrix

$$(\underline{Y}) = \begin{bmatrix} \dfrac{1}{\underline{Z}_1} & 0 \\[2ex] 0 & \dfrac{1}{\underline{Z}_2} \end{bmatrix} \qquad (112)$$

Mit den Umrechnungsgleichungen aus Tafel 3 (S. 29) erhält man die Widerstands-, Ketten- und Hybridmatrix

$$(\underline{Z}) = \begin{bmatrix} \underline{Z}_1 & 0 \\ 0 & \underline{Z}_2 \end{bmatrix} \qquad\qquad (113)$$

$(\underline{A})$ ist unbestimmt, da $\underline{Y}_{21} = 0$

$$(\underline{h}) = \begin{bmatrix} \underline{Z}_1 & 0 \\ 0 & 1/\underline{Z}_2 \end{bmatrix} \qquad\qquad (114)$$

Zweitor V. Zweitor V ist ein Sonderfall von Zweitor IV. Die offenen Klemmen 2-2' bedeuten $\underline{Z}_2 \rightarrow \infty$. Setzt man $\underline{Z}_2 \rightarrow \infty$ in die Matrizen in Gl. (112) bis (114) ein, so erhält man die Matrizen für Zweitor V

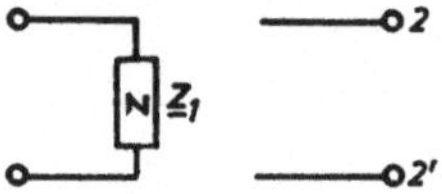

Bild 37 Zweitor V

$$(\underline{Y}) = \begin{bmatrix} 1/\underline{Z}_1 & 0 \\ 0 & 0 \end{bmatrix} \qquad (\underline{Z}) = \begin{bmatrix} \underline{Z}_1 & 0 \\ 0 & \infty \end{bmatrix} \qquad (\underline{h}) = \begin{bmatrix} \underline{Z}_1 & 0 \\ 0 & 0 \end{bmatrix}$$

$(\underline{A})$ ist unbestimmt.

Zweitor VI. Zweitor VI ist ebenfalls ein Sonderfall von Zweitor IV. Die offenen Klemmen 1-1' bedeuten $\underline{Z}_1 \rightarrow \infty$. Setzt man $\underline{Z}_1 \rightarrow \infty$ in die Matrizen in Gl. (112) bis (114) ein, so erhält man die Matrizen für Zweitor VI.

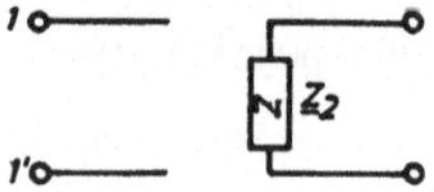

Bild 38 Zweitor VI

$$(\underline{Y}) = \begin{bmatrix} 0 & 0 \\ 0 & 1/\underline{Z}_2 \end{bmatrix} \qquad (\underline{Z}) = \begin{bmatrix} \infty & 0 \\ 0 & \underline{Z}_2 \end{bmatrix} \qquad (\underline{h}) = \begin{bmatrix} \infty & 0 \\ 0 & 1/\underline{Z}_2 \end{bmatrix}$$

$(\underline{A})$ ist unbestimmt.

Zweitor VII. Die Widerstandsparameter lauten mit Gl. (25) bis (28) (S. 21)

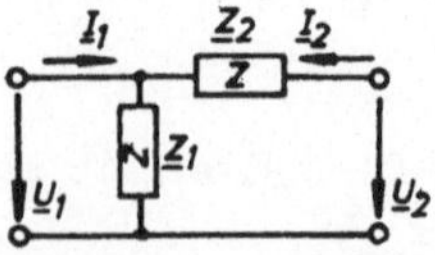

$$\underline{Z}_{11} = \underline{U}_1/\underline{I}_1 \Big|_{\underline{I}_2 = 0} = \underline{Z}_1$$

$$\underline{Z}_{12} = \underline{U}_1/\underline{I}_2 \Big|_{\underline{I}_1 = 0} = \underline{Z}_1$$

Bild 39 Zweitor VII

Nach dem Umkehrungssatz gilt $\underline{Z}_{12} = \underline{Z}_{21}$.

$$\underline{Z}_{22} = \left.\frac{U_2}{\underline{I}_2}\right|_{\underline{I}_1 = 0} = \underline{Z}_1 + \underline{Z}_2$$

Die Widerstandsmatrix lautet damit

$$(\underline{Z}) = \begin{bmatrix} \underline{Z}_1 & \underline{Z}_1 \\ \underline{Z}_1 & \underline{Z}_1 + \underline{Z}_2 \end{bmatrix} \tag{115}$$

Die übrigen Matrizen findet man mit den Umrechnungsgleichungen aus Tafel 3 (S. 29)

$$(\underline{Y}) = \frac{1}{\underline{Z}_1\underline{Z}_2} \begin{bmatrix} \underline{Z}_1 + \underline{Z}_2 & -\underline{Z}_1 \\ -\underline{Z}_1 & \underline{Z}_1 \end{bmatrix} = \begin{bmatrix} \dfrac{1}{\underline{Z}_1} + \dfrac{1}{\underline{Z}_2} & -\dfrac{1}{\underline{Z}_2} \\ -\dfrac{1}{\underline{Z}_2} & \dfrac{1}{\underline{Z}_2} \end{bmatrix} \tag{116}$$

$$(\underline{A}) = \frac{1}{\underline{Z}_1} \begin{bmatrix} \underline{Z}_1 & \underline{Z}_1\underline{Z}_2 \\ 1 & \underline{Z}_1 + \underline{Z}_2 \end{bmatrix} = \begin{bmatrix} 1 & \underline{Z}_2 \\ \dfrac{1}{\underline{Z}_1} & 1 + \dfrac{\underline{Z}_2}{\underline{Z}_1} \end{bmatrix} \tag{117}$$

$$(\underline{h}) = \frac{1}{\underline{Z}_1 + \underline{Z}_2} \begin{bmatrix} \underline{Z}_1\underline{Z}_2 & \underline{Z}_1 \\ -\underline{Z}_1 & 1 \end{bmatrix} = \begin{bmatrix} \dfrac{\underline{Z}_1\underline{Z}_2}{\underline{Z}_1 + \underline{Z}_2} & \dfrac{\underline{Z}_1}{\underline{Z}_1 + \underline{Z}_2} \\ \dfrac{-\underline{Z}_1}{\underline{Z}_1 + \underline{Z}_2} & \dfrac{1}{\underline{Z}_1 + \underline{Z}_2} \end{bmatrix} \tag{118}$$

<u>Zweitor VIII.</u> Zweitor VIII ist die Um-
kehrung von Zweitor VII (s. Abschn.
2.7 S. 39). Die Zweitormatrizen werden
mit Gl. (66) bis (69) (S. 41) berechnet.

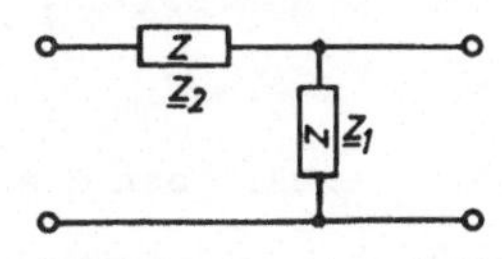

Bild 40   Zweitor VIII

$$(\underline{Z}) = \begin{bmatrix} \underline{Z}_{22_{VII}} & \underline{Z}_{12_{VII}} \\ \underline{Z}_{21_{VII}} & \underline{Z}_{11_{VII}} \end{bmatrix} = \begin{bmatrix} \underline{Z}_1 + \underline{Z}_2 & \underline{Z}_1 \\ \underline{Z}_1 & \underline{Z}_1 \end{bmatrix} \tag{119}$$

$$(\underline{Y}) = \begin{bmatrix} \underline{Y}_{22_{VII}} & \underline{Y}_{12_{VII}} \\ \underline{Y}_{21_{VII}} & \underline{Y}_{11_{VII}} \end{bmatrix} = \begin{bmatrix} \dfrac{1}{\underline{Z}_2} & -\dfrac{1}{\underline{Z}_2} \\ -\dfrac{1}{\underline{Z}_2} & \dfrac{1}{\underline{Z}_1} + \dfrac{1}{\underline{Z}_2} \end{bmatrix} \tag{120}$$

$$(\underline{A}) = \begin{bmatrix} \underline{A}_{22}{}_{VII} & \underline{A}_{12}{}_{VII} \\ \underline{A}_{21}{}_{VII} & \underline{A}_{11}{}_{VII} \end{bmatrix} = \begin{bmatrix} 1 + \dfrac{\underline{Z}_2}{\underline{Z}_1} & \underline{Z}_2 \\ \dfrac{1}{\underline{Z}_1} & 1 \end{bmatrix} \qquad (121)$$

$$(\underline{h}) = \frac{1}{\underline{h}_{VII}} \begin{bmatrix} \underline{h}_{11}{}_{VII} & -\underline{h}_{21}{}_{VII} \\ -\underline{h}_{12}{}_{VII} & \underline{h}_{22}{}_{VII} \end{bmatrix}$$

$$= \frac{\underline{Z}_1 + \underline{Z}_2}{\underline{Z}_1} \begin{bmatrix} \dfrac{\underline{Z}_1\underline{Z}_2}{\underline{Z}_1 + \underline{Z}_2} & \dfrac{\underline{Z}_1}{\underline{Z}_1 + \underline{Z}_2} \\ \dfrac{-\underline{Z}_1}{\underline{Z}_1 + \underline{Z}_2} & \dfrac{1}{\underline{Z}_1 + \underline{Z}_2} \end{bmatrix} = \begin{bmatrix} \underline{Z}_2 & 1 \\ -1 & \dfrac{1}{\underline{Z}_1} \end{bmatrix} \qquad (122)$$

4.3. Zweitore mit drei Widerständen

<u>Zweitor IX.</u> Die Widerstandsparameter lauten nach Gl. (25) bis (28) (S. 21)

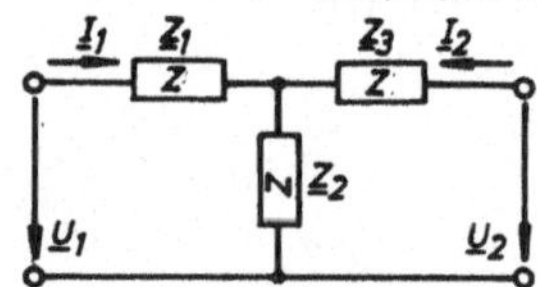

Bild 41 T-Schaltung

$$\underline{Z}_{11} = \left.\frac{\underline{U}_1}{\underline{I}_1}\right|_{\underline{I}_2 = 0} = \underline{Z}_1 + \underline{Z}_2$$

$$\underline{Z}_{12} = \underline{Z}_{21} = \left.\frac{\underline{U}_1}{\underline{I}_2}\right|_{\underline{I}_1 = 0} = \underline{Z}_2$$

$$\underline{Z}_{22} = \left.\frac{\underline{U}_2}{\underline{I}_2}\right|_{\underline{I}_1 = 0} = \underline{Z}_2 + \underline{Z}_3$$

Damit erhält man die Widerstandsmatrix der T-Schaltung

$$(\underline{Z}) = \begin{bmatrix} \underline{Z}_1 + \underline{Z}_2 & \underline{Z}_2 \\ \underline{Z}_2 & \underline{Z}_2 + \underline{Z}_3 \end{bmatrix} \qquad (123)$$

Mit den Umrechnungsgleichungen aus Tafel 3 (S. 29) findet man die übrigen Matrizen.

$$(\underline{Y}) = \frac{1}{\underline{Z}_1\underline{Z}_2 + \underline{Z}_1\underline{Z}_3 + \underline{Z}_2\underline{Z}_3} \begin{bmatrix} \underline{Z}_2 + \underline{Z}_3 & -\underline{Z}_2 \\ -\underline{Z}_2 & \underline{Z}_1 + \underline{Z}_2 \end{bmatrix} \qquad (124)$$

$$(\underline{A}) = \begin{bmatrix} 1 + \dfrac{\underline{Z}_1}{\underline{Z}_2} & \underline{Z}_1 + \underline{Z}_3 + \dfrac{\underline{Z}_1\underline{Z}_3}{\underline{Z}_2} \\[2ex] \dfrac{1}{\underline{Z}_2} & 1 + \dfrac{\underline{Z}_3}{\underline{Z}_2} \end{bmatrix} \qquad (125)$$

$$(\underline{h}) = \begin{bmatrix} \underline{Z}_1 + \dfrac{\underline{Z}_2\underline{Z}_3}{\underline{Z}_2 + \underline{Z}_3} & \dfrac{\underline{Z}_2}{\underline{Z}_2 + \underline{Z}_3} \\[2ex] \dfrac{-\underline{Z}_2}{\underline{Z}_2 + \underline{Z}_3} & \dfrac{1}{\underline{Z}_2 + \underline{Z}_3} \end{bmatrix} \qquad (126)$$

<u>Zweitor X (π-Schaltg.)</u>. Die Leitwertparameter erhält man mit Gl. (21) bis (24) (S. 21).

$$\underline{Y}_{11} = \left.\frac{\underline{I}_1}{\underline{U}_1}\right|_{\underline{U}_2 = 0} = \frac{1}{\underline{Z}_1} + \frac{1}{\underline{Z}_2}$$

$$\underline{Y}_{22} = \left.\frac{\underline{I}_2}{\underline{U}_2}\right|_{\underline{U}_1 = 0} = \frac{1}{\underline{Z}_2} + \frac{1}{\underline{Z}_3}$$

$$\underline{Y}_{12} = \underline{Y}_{21} = \left.\frac{\underline{I}_1}{\underline{U}_2}\right|_{\underline{U}_1 = 0} = - \frac{1}{\underline{Z}_2}$$

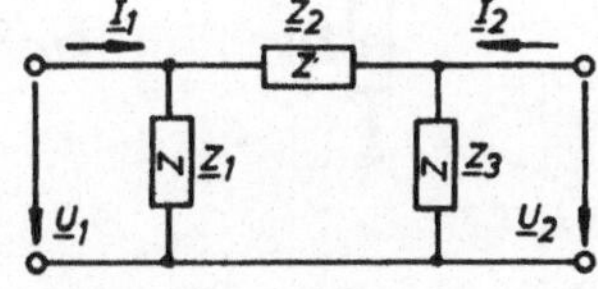

Bild 42 π-Schaltung

Zusammengefaßt lautet die Leitwertmatrix

$$(\underline{Y}) = \begin{bmatrix} \dfrac{1}{\underline{Z}_1} + \dfrac{1}{\underline{Z}_2} & -\dfrac{1}{\underline{Z}_2} \\[2ex] -\dfrac{1}{\underline{Z}_2} & \dfrac{1}{\underline{Z}_2} + \dfrac{1}{\underline{Z}_3} \end{bmatrix} \qquad (127)$$

Die übrigen Matrizen findet man mit den Umrechnungsgleichungen aus Tafel 3 (S. 29)

$$(\underline{Z}) = \frac{\underline{Z}_1\underline{Z}_2\underline{Z}_3}{\underline{Z}_1 + \underline{Z}_2 + \underline{Z}_3} \begin{bmatrix} \dfrac{1}{\underline{Z}_2} + \dfrac{1}{\underline{Z}_3} & \dfrac{1}{\underline{Z}_2} \\[2ex] \dfrac{1}{\underline{Z}_2} & \dfrac{1}{\underline{Z}_1} + \dfrac{1}{\underline{Z}_2} \end{bmatrix} \qquad (128)$$

$$(\underline{A}) = \begin{bmatrix} 1 + \underline{Z}_2/\underline{Z}_3 & \underline{Z}_2 \\ 1/\underline{Z}_1 + 1/\underline{Z}_3 + \underline{Z}_2/\underline{Z}_1\underline{Z}_3 & 1 + \underline{Z}_2/\underline{Z}_1 \end{bmatrix} \qquad (129)$$

$$(\underline{h}) = \frac{1}{\underline{Z}_1 + \underline{Z}_2} \begin{bmatrix} \underline{Z}_1\underline{Z}_2 & \underline{Z}_1 \\ -\underline{Z}_1 & (\underline{Z}_1 + \underline{Z}_2 + \underline{Z}_3)/\underline{Z}_3 \end{bmatrix} \qquad (130)$$

4.4. Äquivalente T- und π-Zweitore

Für jede Dreiecksschaltung gibt es eine äquivalente Sternschaltung und umgekehrt (Bild 43). Die Widerstände der äqui-

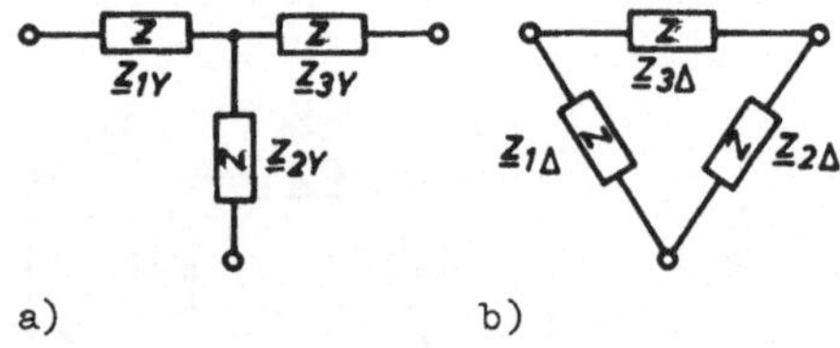

valenten Stern- und Dreiecksschaltungen berechnet man mit den bekannten Umrechnungsgleichungen Gl. (131) und (132). Nun läßt sich jedes T-Zweitor nach Bild 41 als Sternschaltung und jedes π-Zweitor

Bild 43   Stern-Dreiecksumwandlung
    a) Sternschaltung
    b) Dreiecksschaltung

nach Bild 42 als Dreiecksschaltung auffassen, <u>also gibt es
zu jedem T-Zweitor ein äquivalentes π-Zweitor und umgekehrt.</u>

$$\underline{Z}_{1Y} = \frac{\underline{Z}_{1\Delta}\underline{Z}_{3\Delta}}{\underline{Z}_{1\Delta} + \underline{Z}_{2\Delta} + \underline{Z}_{3\Delta}}$$

$$\underline{Z}_{2Y} = \frac{\underline{Z}_{1\Delta}\underline{Z}_{2\Delta}}{\underline{Z}_{1\Delta} + \underline{Z}_{2\Delta} + \underline{Z}_{3\Delta}} \qquad (131)$$

$$\underline{Z}_{3Y} = \frac{\underline{Z}_{2\Delta}\underline{Z}_{3\Delta}}{\underline{Z}_{1\Delta} + \underline{Z}_{2\Delta} + \underline{Z}_{3\Delta}}$$

$$\underline{Y}_{1\Delta} = \frac{\underline{Y}_{1Y}\underline{Y}_{2Y}}{\underline{Y}_{1Y} + \underline{Y}_{2Y} + \underline{Y}_{3Y}}$$

$$\underline{Y}_{2\Delta} = \frac{\underline{Y}_{2Y}\underline{Y}_{3Y}}{\underline{Y}_{1Y} + \underline{Y}_{2Y} + \underline{Y}_{3Y}} \tag{132}$$

$$\underline{Y}_{3\Delta} = \frac{\underline{Y}_{1Y}\underline{Y}_{3Y}}{\underline{Y}_{1Y} + \underline{Y}_{2Y} + \underline{Y}_{3Y}}$$

Die Matrizen äquivalenter T- und π-Zweitore sind also gleich und mit Gl. (123) und (128) findet man für $(\underline{Z}_\pi) = (\underline{Z}_T)$

$$\begin{bmatrix} \dfrac{\underline{Z}_{1\pi}(\underline{Z}_{2\pi} + \underline{Z}_{3\pi})}{\underline{Z}_{1\pi} + \underline{Z}_{2\pi} + \underline{Z}_{3\pi}} & \dfrac{\underline{Z}_{1\pi}\underline{Z}_{3\pi}}{\underline{Z}_{1\pi} + \underline{Z}_{2\pi} + \underline{Z}_{3\pi}} \\[3ex] \dfrac{\underline{Z}_{1\pi}\underline{Z}_{3\pi}}{\underline{Z}_{1\pi} + \underline{Z}_{2\pi} + \underline{Z}_{3\pi}} & \dfrac{\underline{Z}_{3\pi}(\underline{Z}_{1\pi} + \underline{Z}_{2\pi})}{\underline{Z}_{1\pi} + \underline{Z}_{2\pi} + \underline{Z}_{3\pi}} \end{bmatrix} = \begin{bmatrix} \underline{Z}_{1T} + \underline{Z}_{2T} & \underline{Z}_{2T} \\[3ex] \underline{Z}_{2T} & \underline{Z}_{2T} + \underline{Z}_{3T} \end{bmatrix} \tag{133}$$

<u>Zweitor XI.</u> Mit Gl. (25) bis (28) (S. 21) findet man die Widerstandsparameter

$$\underline{Z}_{11} = \underline{U}_1/\underline{I}_1\Big|_{\underline{I}_2 = 0} = \underline{Z}_1 + \underline{Z}_2$$

$$\underline{Z}_{12} = \underline{U}_1/\underline{I}_2\Big|_{\underline{I}_1 = 0} = \underline{Z}_2 = \underline{Z}_{21}$$

$$\underline{Z}_{22} = \underline{U}_2/\underline{I}_2\Big|_{\underline{I}_1 = 0} = \underline{Z}_2 + \underline{Z}_3$$

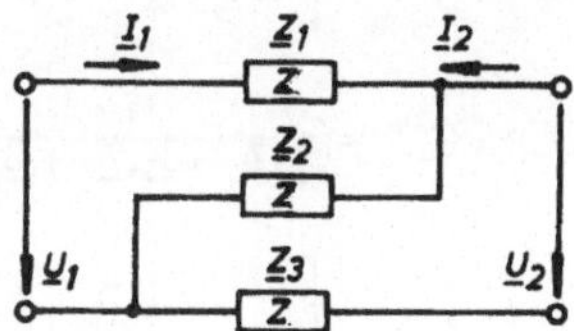

Bild 44   Zweitor XI

Damit lautet die Widerstandsmatrix

$$(\underline{Z}) = \begin{bmatrix} \underline{Z}_1 + \underline{Z}_2 & \underline{Z}_2 \\[2ex] \underline{Z}_2 & \underline{Z}_2 + \underline{Z}_3 \end{bmatrix} \tag{134}$$

Für die übrigen Matrizen erhält man mit Tafel 3, S. 29

$$(\underline{Y}) = \frac{1}{\underline{Z}_1\underline{Z}_2 + \underline{Z}_1\underline{Z}_3 + \underline{Z}_2\underline{Z}_3}\begin{bmatrix} \underline{Z}_2 + \underline{Z}_3 & -\underline{Z}_2 \\[2ex] -\underline{Z}_2 & \underline{Z}_1 + \underline{Z}_2 \end{bmatrix} \tag{135}$$

$$(\underline{A}) = \begin{bmatrix} 1 + \underline{Z}_1/\underline{Z}_2 & \underline{Z}_1 + \underline{Z}_3 + \underline{Z}_1\underline{Z}_3/\underline{Z}_2 \\ 1/\underline{Z}_2 & 1 + \underline{Z}_3/\underline{Z}_2 \end{bmatrix} \qquad (136)$$

$$(\underline{h}) = \frac{1}{\underline{Z}_2 + \underline{Z}_3} \begin{bmatrix} \underline{Z}_1\underline{Z}_2 + \underline{Z}_1\underline{Z}_3 + \underline{Z}_2\underline{Z}_3 & \underline{Z}_2 \\ -\underline{Z}_2 & 1 \end{bmatrix} \qquad (137)$$

Zweitor XII. Zweitor XII ist die Umkehrung von Zweitor XI. Mit den Gleichungen aus Tafel 5 (S. 41) findet man

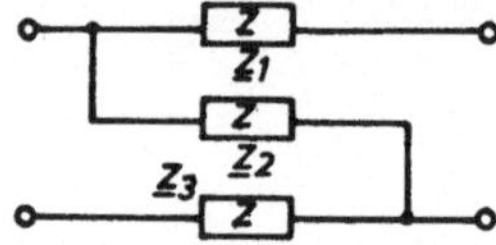

Bild 45 Zweitor XII

$$(\underline{Z}) = \begin{bmatrix} \underline{Z}_2 + \underline{Z}_3 & \underline{Z}_2 \\ \underline{Z}_2 & \underline{Z}_1 + \underline{Z}_2 \end{bmatrix} \qquad (138)$$

$$(\underline{Y}) = \frac{1}{\underline{Z}_1\underline{Z}_2 + \underline{Z}_1\underline{Z}_3 + \underline{Z}_2\underline{Z}_3} \begin{bmatrix} \underline{Z}_1 + \underline{Z}_2 & -\underline{Z}_2 \\ -\underline{Z}_2 & \underline{Z}_2 + \underline{Z}_3 \end{bmatrix} \qquad (139)$$

$$(\underline{A}) = \begin{bmatrix} 1 + \underline{Z}_3/\underline{Z}_2 & \underline{Z}_1 + \underline{Z}_3 + \underline{Z}_1\underline{Z}_3/\underline{Z}_2 \\ 1/\underline{Z}_2 & 1 + \underline{Z}_1/\underline{Z}_2 \end{bmatrix} \qquad (140)$$

$$(\underline{h}) = \frac{1}{\underline{Z}_1 + \underline{Z}_2} \begin{bmatrix} \underline{Z}_1\underline{Z}_3 + \underline{Z}_1\underline{Z}_2 + \underline{Z}_2\underline{Z}_3 & \underline{Z}_2 \\ -\underline{Z}_2 & 1 \end{bmatrix} \qquad (141)$$

4.5. X-Zweitor und Allpaß

Zweitor XIII (X-Zweitor). Um für dieses kompliziertere Zweitor eine Matrix aufstellen zu können, muß man das Schaltbild des Zweitors in Bild 46a in eine Brückenschaltung nach Bild 46b umzeichnen. Für das X-Zweitor läßt sich dann am einfachsten die Widerstandsmatrix aufstellen. Mit Bild 46a findet man unmittelbar den Eingangs-Leerlaufwiderstand

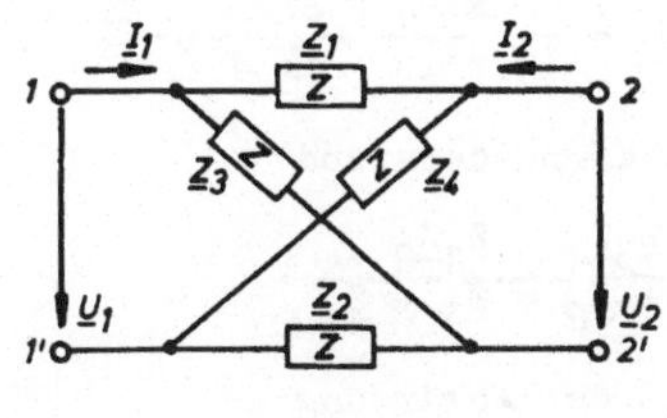

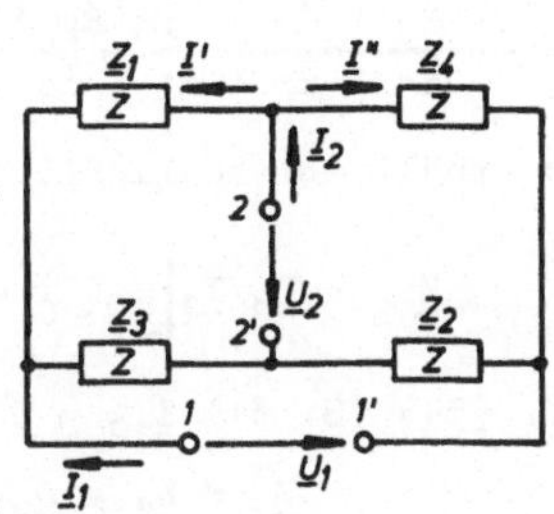

a)
b)

Bild 46   Zweitor XIII

    a) X-Zweitor

    b) Brückenschaltung

$$\underline{Z}_{11} = \left.\frac{\underline{U}_1}{\underline{I}_1}\right|_{\underline{I}_2 = 0} = \frac{(\underline{Z}_1 + \underline{Z}_4)(\underline{Z}_2 + \underline{Z}_3)}{\underline{Z}_1 + \underline{Z}_2 + \underline{Z}_3 + \underline{Z}_4}$$

und den Ausgangs-Leerlaufwiderstand

$$\underline{Z}_{22} = \left.\frac{\underline{U}_2}{\underline{I}_2}\right|_{\underline{I}_1 = 0} = \frac{(\underline{Z}_1 + \underline{Z}_3)(\underline{Z}_2 + \underline{Z}_4)}{\underline{Z}_1 + \underline{Z}_3 + \underline{Z}_2 + \underline{Z}_4}$$

Um den Kernwiderstand $\underline{Z}_{12}$ zu bestimmen, betrachtet man zunächst die Stromteilung am Knoten 2 in Bild 46b

$$\underline{I}_2 = \underline{I}' + \underline{I}''$$

$$\text{mit } \underline{I}' = \frac{\dfrac{(\underline{Z}_1 + \underline{Z}_3)(\underline{Z}_2 + \underline{Z}_4)}{\underline{Z}_1 + \underline{Z}_2 + \underline{Z}_3 + \underline{Z}_4}}{\underline{Z}_1 + \underline{Z}_3} \, \underline{I}_2 = \frac{\underline{Z}_2 + \underline{Z}_4}{\underline{Z}_1 + \underline{Z}_2 + \underline{Z}_3 + \underline{Z}_4} \, \underline{I}_2$$

$$\text{und } \underline{I}'' = \frac{\dfrac{(\underline{Z}_1 + \underline{Z}_3)(\underline{Z}_2 + \underline{Z}_4)}{\underline{Z}_1 + \underline{Z}_2 + \underline{Z}_3 + \underline{Z}_4}}{\underline{Z}_2 + \underline{Z}_4} \, \underline{I}_2 = \frac{\underline{Z}_1 + \underline{Z}_3}{\underline{Z}_1 + \underline{Z}_2 + \underline{Z}_3 + \underline{Z}_4} \, \underline{I}_2$$

Für die Spannung $\underline{U}_1$ gilt dann

$$\underline{U}_1 = \underline{I}''\underline{Z}_4 - \underline{I}'\underline{Z}_1$$

$$\underline{U}_1 = \frac{\underline{Z}_4(\underline{Z}_1 + \underline{Z}_3) - \underline{Z}_1(\underline{Z}_2 + \underline{Z}_4)}{\underline{Z}_1 + \underline{Z}_2 + \underline{Z}_3 + \underline{Z}_4}\,\underline{I}_2 = \frac{\underline{Z}_3\underline{Z}_4 - \underline{Z}_1\underline{Z}_2}{\underline{Z}_1 + \underline{Z}_2 + \underline{Z}_3 + \underline{Z}_4}\,\underline{I}_2$$

Daraus erhält man schließlich den Kernwiderstand

$$\underline{Z}_{12} = \underline{U}_1/\underline{I}_2\Big|_{\underline{I}_1 = 0} = \frac{\underline{Z}_3\underline{Z}_4 - \underline{Z}_1\underline{Z}_2}{\underline{Z}_1 + \underline{Z}_2 + \underline{Z}_3 + \underline{Z}_4}$$

Mit Gl. (54) (S. 34) $\underline{Z}_{12} = \underline{Z}_{21}$ und der Abkürzung

$$\underline{Z}_g = \underline{Z}_1 + \underline{Z}_2 + \underline{Z}_3 + \underline{Z}_4$$

lautet die Widerstandsmatrix des X-Zweitors (XIII)

$$(\underline{Z}) = \frac{1}{\underline{Z}_g}\begin{bmatrix} (\underline{Z}_1 + \underline{Z}_4)(\underline{Z}_2 + \underline{Z}_3) & \underline{Z}_3\underline{Z}_4 - \underline{Z}_1\underline{Z}_2 \\ \underline{Z}_3\underline{Z}_4 - \underline{Z}_1\underline{Z}_2 & (\underline{Z}_1 + \underline{Z}_3)(\underline{Z}_2 + \underline{Z}_4) \end{bmatrix} \tag{142}$$

Die übrigen Matrizen des X-Zweitors lassen sich mit den Umrechnungen aus Tafel 3 (S. 29) bestimmen. Dabei entstehen für den allgemeinen Fall unübersichtliche Ausdrücke, dagegen ist die Umrechnung für gegebene Zahlenwerte einfach.

Ein interessanter Sonderfall des X-Zweitors entsteht, wenn die Widerstände die Bedingung $\underline{Z}_1\underline{Z}_2 = \underline{Z}_3\underline{Z}_4$ erfüllen. Dann verschwinden nämlich die Übertragungswiderstände, da $\underline{Z}_{12} = \underline{Z}_{21} = 0$ wird. Das Zweitor hat keine Übertragungseigenschaften. Es liegt eine abgeglichene Brückenschaltung vor, für die die Ausgangsspannung $\underline{U}_2 = 0$ ist. Änderungen der Eingangsgrößen $\underline{U}_1$ und $\underline{I}_1$ verursachen keine Änderungen der Ausgangsgrößen, da sie immer gleich Null sind. Die Widerstandsmatrix der abgeglichenen Brückenschaltung entspricht der Matrix des Zweitors IV in Bild 36 (S. 67).

Eine andere Sonderform des Zweitors XIII erhält man für $\underline{Z}_1 = \underline{Z}_2$ und $\underline{Z}_3 = \underline{Z}_4$. Die Widerstandsmatrix vereinfacht sich hiermit zu

$$(\underline{Z}) = \frac{1}{2}\begin{bmatrix} \underline{Z}_1 + \underline{Z}_3 & \underline{Z}_3 - \underline{Z}_1 \\ \underline{Z}_3 - \underline{Z}_1 & \underline{Z}_1 + \underline{Z}_3 \end{bmatrix}$$

<u>Zweitor XIV (vollständiges X-Zweitor oder Allpaß)</u>. Das komplizierteste elementare Zweitor ist das vollständige X-Zweitor (Allpaß). Für ihn wurden in Abschn. 2.4 (S. 34) die Leitwertgleichungen (51) und (52) abgeleitet. Die Leitwertmatrix ist mit $\underline{Y}_g = \underline{Y}_1 + \underline{Y}_2 + \underline{Y}_3 + \underline{Y}_4$

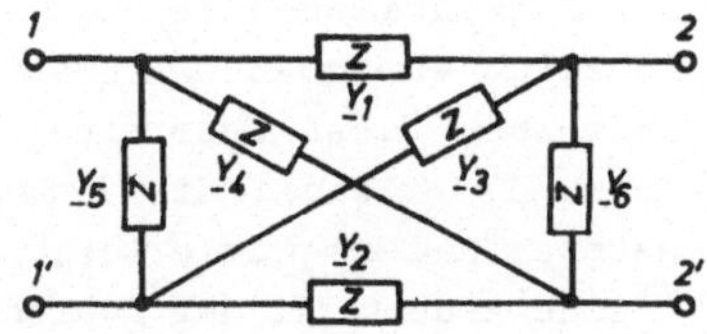

Bild 47   Zweitor XIV

$$(\underline{Y}) = \begin{bmatrix} \underline{Y}_1 + \underline{Y}_4 + \underline{Y}_5 - (\underline{Y}_1 + \underline{Y}_4)^2/\underline{Y}_g & (\underline{Y}_3\underline{Y}_4 - \underline{Y}_1\underline{Y}_2)/\underline{Y}_g \\ (\underline{Y}_3\underline{Y}_4 - \underline{Y}_1\underline{Y}_2)/\underline{Y}_g & \underline{Y}_1 + \underline{Y}_3 + \underline{Y}_6 - (\underline{Y}_1 + \underline{Y}_3)^2/\underline{Y}_g \end{bmatrix}$$

(143)

Eine Umrechnung der Leitwertmatrix in die übrigen Matrizen ist mit Tafel 3 (S. 29) möglich, führt aber allgemein zu unübersichtlichen Ausdrücken. Für gegebene Zahlenwerte ist eine Umrechnung verhältnismäßig einfach.

Für die <u>symmetrische</u> Sonderform des vollständigen X-Zweitors mit $\underline{Y}_1 = \underline{Y}_2$, $\underline{Y}_3 = \underline{Y}_4$ und $\underline{Y}_5 = \underline{Y}_6$ folgt die Leitwertmatrix

$$(\underline{Y}) = \begin{bmatrix} \underline{Y}_5 + (\underline{Y}_1 + \underline{Y}_3)/2 & (\underline{Y}_3 - \underline{Y}_1)/2 \\ (\underline{Y}_3 - \underline{Y}_1)/2 & \underline{Y}_5 + (\underline{Y}_1 + \underline{Y}_3)/2 \end{bmatrix}$$

(144)

Ein anderer Sonderfall tritt ein, wenn die Widerstände die Bedingung $\underline{Y}_1\underline{Y}_2 = \underline{Y}_3\underline{Y}_4$ erfüllen. Dabei verschwinden die Übertragungseigenschaften des Zweitors, weil $\underline{Y}_{12} = \underline{Y}_{21} = 0$. Zeichnet man Bild 47 in eine Brückenschaltung nach Bild 48 um, so erkennt man in der Gleichung $\underline{Y}_1\underline{Y}_2 = \underline{Y}_3\underline{Y}_4$ die Abgleichbedingung einer komplexen Brückenschaltung.

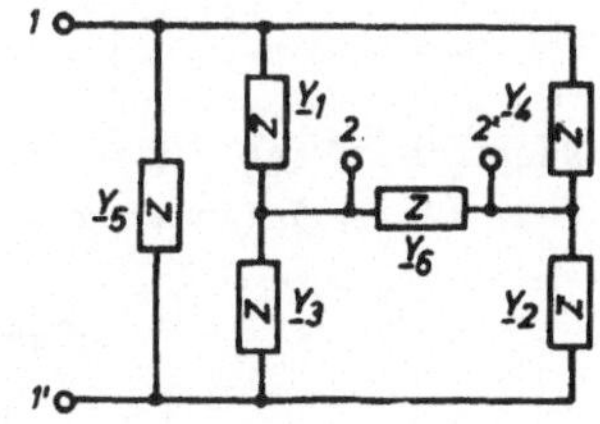

Bild 48   Zweitor XIV als Brückenschaltung

4.6. Beispiele linearer Zweitore

Die Elementarzweitore sind die Bausteine für eine Zweitor-Schaltungstechnik. Die Matrizen in Gl. (103) bis (144) beschreiben diese Bausteine. Die Kombinationsgesetze (s. Abschn. 3) erlauben die Erfassung und Berechnung zusammengesetzter und komplizierterer Schaltungen. Damit wird die praktische Arbeit mit der Zweitortheorie erleichtert und vereinfacht.

Beispiel 13: Für das Zweitor nach Bild 49a ist die Kettenmatrix aufzustellen.

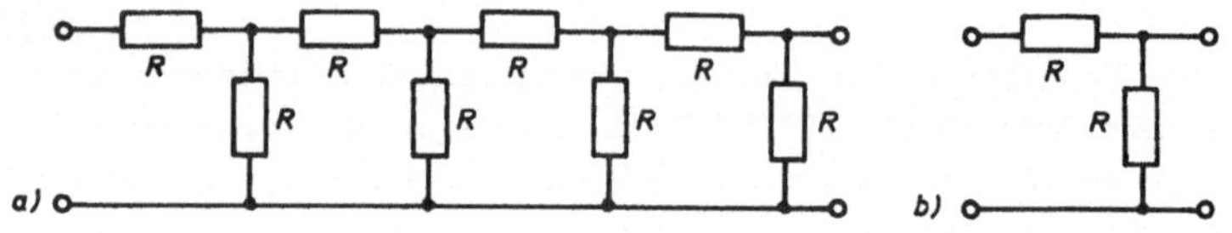

Bild 49   Kettenzweitor (a) und Kettenglied (b)

Das Kettenzweitor in Bild 49a ist eine Kettenschaltung aus vier Elementarzweitoren VIII (s. Bild 40, S. 69) mit der Kettenmatrix Gl. (121) (S. 70). Für die Wirkwiderstände $\underline{Z}_1 = R$ und $\underline{Z}_2 = R$ erhält man

$$(\underline{A}) = \begin{bmatrix} 1 + \underline{Z}_2/\underline{Z}_1 & \underline{Z}_2 \\ 1/\underline{Z}_1 & 1 \end{bmatrix} = \begin{bmatrix} 2 & R \\ 1/R & 1 \end{bmatrix}$$

Nach der Regel über Kettenschaltungen von Zweitoren in Gl. (86) (S. 53) findet man die Kettenmatrix des Gesamtzweitors

$$(\underline{A}_{ges}) = (\underline{A})^4 = (\underline{A})^2 (\underline{A})^2$$

$$(\underline{A})^2 = (\underline{A})(\underline{A}) = \begin{bmatrix} 2 & R \\ 1/R & 1 \end{bmatrix}\begin{bmatrix} 2 & R \\ 1/R & 1 \end{bmatrix} = \begin{bmatrix} 5 & 3R \\ 3/R & 2 \end{bmatrix}$$

$$(\underline{A}_{ges}) = (\underline{A})^2(\underline{A})^2 = \begin{bmatrix} 5 & 3R \\ 3/R & 2 \end{bmatrix}\begin{bmatrix} 5 & 3R \\ 3/R & 2 \end{bmatrix} = \begin{bmatrix} 34 & 21R \\ 21/R & 13 \end{bmatrix}$$

Die Kettenparameter $\underline{A}_{11}$ und $\underline{A}_{22}$ haben eine recht anschauliche Bedeutung. So sagt die reziproke Leerlauf-Spannungsübersetzung $\underline{A}_{11}$ = 34 aus, daß an den Ausgangsklemmen des Zweitors bei Leerlauf 1/34 der Eingangsspannung abfällt. Die reziproke Kurzschluß-Stromübersetzung $\underline{A}_{22}$ = 13 bedeutet, daß der Kurzschlußstrom am Ausgang 1/13 des Eingangsstroms ist.

Beispiel 14: Aus Zweitoren nach Bild 49b wird eine Kette mit großer Gliedanzahl zusammengeschaltet. Es ist der Eingangswiderstand dieser Kette zu bestimmen.

Der gesuchte Eingangswiderstand ist nach Abschn. 3.4 (S. 55) der Kettenwiderstand des Einzelzweitors in Bild 49b. Bei gegebenen Kettenparametern beträgt er nach Gl. (89) (S. 57)

$$(\underline{A}) = \begin{bmatrix} 2 & R \\ 1/R & 1 \end{bmatrix}$$

$$\underline{Z}_{k1;2} = \frac{1}{2\underline{A}_{21}}\left(\underline{A}_{11} - \underline{A}_{22} \pm \sqrt{(\underline{A}_{11} - \underline{A}_{22})^2 + 4\underline{A}_{12}\underline{A}_{21}} \right)$$

$$= \frac{R}{2}(1 \pm \sqrt{5})$$

$$\underline{Z}_k = \frac{R}{2}(1 + \sqrt{5}) = 1{,}62\,R$$

Beispiel 15: RC-Generatoren enthalten als phasendrehendes Rückkopplungsnetzwerk RC-Ketten nach Bild 50b.

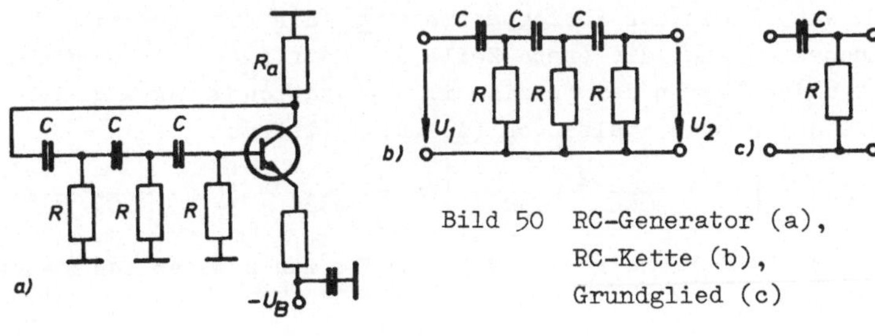

Bild 50 RC-Generator (a),
RC-Kette (b),
Grundglied (c)

Die Schwingbedingung für einen RC-Generator nach Bild 50a
fordert einen Phasenwinkel des Spannungsverhältnisses $\underline{U}_1/\underline{U}_2$
von 180° und eine Verstärkung durch den Transistor, die die
Dämpfung an der RC-Kette in Bild 50b mindestens aufhebt. Wir
wollen nun mit den Mitteln der Zweitortheorie dieses Spannungsverhältnis an der RC-Kette untersuchen. Da die rezipro-
ke Leerlauf-Spannungsübersetzung $\underline{A}_{11}$ eben das gesuchte Spannungsverhältnis darstellt, bestimmt man zunächst den Kettenparameter $\underline{A}_{11}$ der RC-Kette nach Bild 50b.

Diese RC-Kette besteht aus der Kettenschaltung dreier Grund-
glieder nach Bild 50c, sie sind wiederum Elementarzweitore
vom Typ VIII (S. 69). Mit der Kettenmatrix von Zweitor VIII
aus Gl. (121) (S. 70) erhält man über

$$(\underline{A}) = \begin{bmatrix} 1 + \dfrac{\underline{Z}_2}{\underline{Z}_1} & \underline{Z}_2 \\[2mm] \dfrac{1}{\underline{Z}_1} & 1 \end{bmatrix} = \begin{bmatrix} 1 + \dfrac{1}{j\omega CR} & \dfrac{1}{j\omega C} \\[2mm] \dfrac{1}{R} & 1 \end{bmatrix}$$

die Kettenmatrix der RC-Kette

$$(\underline{A}_{ges}) = (\underline{A})^2 (\underline{A})$$

$$(\underline{A})^2 = \begin{bmatrix} 1 + \dfrac{1}{j\omega CR} & \dfrac{1}{j\omega C} \\[2mm] \dfrac{1}{R} & 1 \end{bmatrix}\begin{bmatrix} 1 + \dfrac{1}{j\omega CR} & \dfrac{1}{j\omega C} \\[2mm] \dfrac{1}{R} & 1 \end{bmatrix}$$

$$= \begin{bmatrix} (1 + \dfrac{1}{j\omega CR})^2 + \dfrac{1}{j\omega CR} & (1 + \dfrac{1}{j\omega CR})\dfrac{1}{j\omega C} + \dfrac{1}{j\omega C} \\[3mm] \underline{A}_{21} & \underline{A}_{22} \end{bmatrix}$$

Da wir allein den Kettenparameter $\underline{A}_{11}$ der Gesamtmatrix $(\underline{A}_{ges})$
suchen, genügt die erste Zeile der Matrix $(\underline{A})^2$. Sie wird nun
nach den Regeln der Matrizenmultiplikation (s. Anhang, [2])
mit der ersten Spalte von $(\underline{A})$ multipliziert

$$\underline{A}_{11} = \left[(1 + \dfrac{1}{j\omega CR})^2 + \dfrac{1}{j\omega CR} \right](1 + \dfrac{1}{j\omega CR}) + \left[(1 + \dfrac{1}{j\omega CR})\dfrac{1}{j\omega C} \right]\dfrac{1}{R}$$

Mit der Abkürzung $x = 1/(\omega CR)$ erhält man schließlich den Ausdruck

$$\underline{A}_{11} = (1 - jx)^2 - jx \ (1 - jx) - (1 + jx)jx$$
$$= 1 - 5x^2 + j(x^3 - 6x) \tag{145}$$

Die Schwingbedingung für einen RC-Generator nach Bild 50a verlangt einen Phasenwinkel des Spannungsverhältnisses $\underline{A}_{11}$ von 180°, der Kettenparameter $\underline{A}_{11}$ muß daher reell und negativ sein, also

$$\text{Im}(\underline{A}_{11}) = 0 \quad \text{und} \quad \text{Re}(\underline{A}_{11}) < 0 \tag{146}$$

Mit Gl. (145) werden diese Bedingungen zu

$$\text{Im}(\underline{A}_{11}) = x^3 - 6x = 0 \quad \text{bzw.} \quad x = \sqrt{6} \tag{147}$$

$$\text{Re}(\underline{A}_{11}) = 1 - 5x^2 = -29 \tag{148}$$

Mit Gl. (147) kann man die Frequenz angeben, für die die Bedingung in Gl. (146) gelten

$$x = \frac{1}{\omega_0 CR} = \sqrt{6} \quad \text{und} \quad \omega_0 = \frac{1}{RC\sqrt{6}}$$

Für die Resonanzfrequenz ω_0 lautet das Spannungsverhältnis

$$\underline{A}_{11} = \frac{\underline{U}_1}{\underline{U}_2} = -29 = 29 \ e^{j180^\circ}$$

Die Ausgangsspannung an der RC-Kette in Bild 50b beträgt 1/29 der Eingangsspannung und ist gegenüber der Eingangsspannung um 180° in der Phase verschoben.

<u>Beispiel 16:</u> Für ein überbrücktes T-Zweitor nach Bild 51a soll für die Kreisfrequenz ω_0 = 1/RC das Spannungsverhältnis $\underline{U}_1/\underline{U}_2$ bestimmt werden.

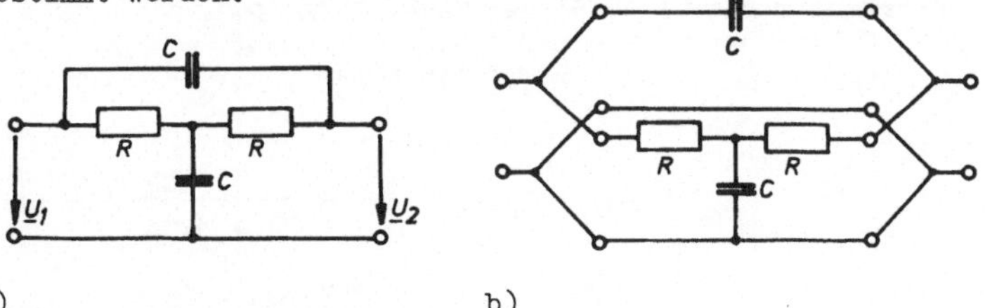

a) b)

Bild 51 Überbrücktes T-Zweitor

Das gesuchte Spannungsverhältnis $\underline{U}_1/\underline{U}_2$ kann durch die reziproke Spannungsübersetzung in Gl. (29) (S. 22) ausgedrückt werden.

$$\underline{A}_{11} = \underline{U}_1/\underline{U}_2 \Big|_{\underline{I}_2' = 0}$$

Das überbrückte T-Zweitor läßt sich als Parallelschaltung nach Bild 51b auffassen; darin sind die Elementarzweitore I und IX (s. S. 65 und 70) kombiniert. Mit der Leitwertmatrix von Zweitor I nach Gl. (103) (S. 65)

$$(\underline{Y}_I) = \begin{bmatrix} 1/\underline{Z} & -1/\underline{Z} \\ -1/\underline{Z} & 1/\underline{Z} \end{bmatrix} = \begin{bmatrix} j\omega C & -j\omega C \\ -j\omega C & j\omega C \end{bmatrix}$$

und der Leitwertmatrix von Zweitor IX nach Gl. (124) (S. 71)

$$(\underline{Y}_{IX}) = \frac{1}{\underline{Z}_1\underline{Z}_2 + \underline{Z}_1\underline{Z}_3 + \underline{Z}_2\underline{Z}_3} \begin{bmatrix} \underline{Z}_2 + \underline{Z}_3 & -\underline{Z}_2 \\ -\underline{Z}_2 & \underline{Z}_1 + \underline{Z}_2 \end{bmatrix}$$

$$= \frac{1}{\frac{2R}{j\omega C} + R^2} \begin{bmatrix} R + 1/j\omega C & -1/j\omega C \\ -1/j\omega C & R + 1/j\omega C \end{bmatrix}$$

und der Regel für die Parallelschaltung von Zweitoren Gl.(80) (S. 49) erhält man die Leitwertmatrix des überbrückten T-Zweitors

$$(\underline{Y}) = (\underline{Y}_I) + (\underline{Y}_{IX})$$

Der gesuchte Kettenparameter $\underline{A}_{11}$ ist ausgedrückt durch Leitwertparameter mit Gl. (45) aus Tafel 3 (S. 29)

$$\underline{A}_{11} = -\underline{Y}_{22}/\underline{Y}_{21}$$

und mit

$$\underline{Y}_{22} = \underline{Y}_{22I} + \underline{Y}_{22IX} = j\omega C + \frac{1 + j\omega CR}{2R + j\omega CR^2}$$

$$= \frac{1 + 3j\omega CR - (\omega CR)^2}{2R + j\omega CR^2}$$

$$\underline{Y}_{21} = \underline{Y}_{21\mathrm{I}} + \underline{Y}_{21\mathrm{IX}} = -j\omega C - \frac{1}{2R + j\omega CR^2}$$

$$= -\frac{1 + 2j\omega CR - (\omega CR)^2}{2R + j\omega CR^2}$$

schließlich den Kettenparameter

$$\underline{A}_{11} = -\underline{Y}_{22}/\underline{Y}_{21} = \frac{1 + 3j\omega CR - (\omega CR)^2}{1 + 2j\omega CR - (\omega CR)^2}$$

Für die Kreisfrequenz $\omega_0 = 1/RC$ ergibt sich

$$\underline{A}_{11}(\omega_0) = 3/2$$

Beispiel 17: Für eine komplexe Brückenschaltung nach Bild 52a soll für die Kreisfrequenz $\omega_0 = 1/\sqrt{LC}$ das Spannungsverhältnis $\underline{U}_1/\underline{U}_2$ ermittelt werden.

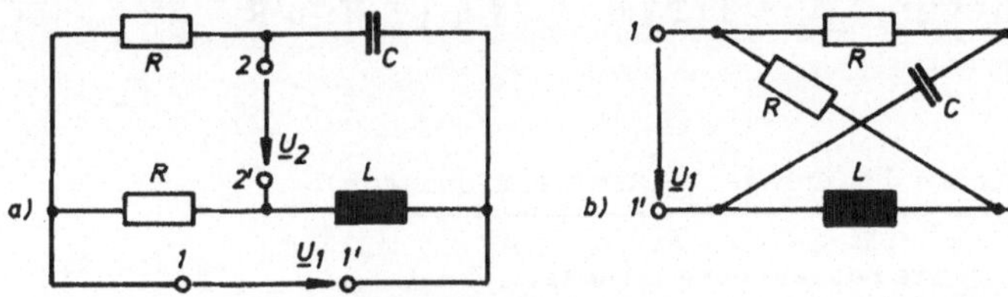

Bild 52 Komplexe Brückenschaltung (a)
und zugehöriges Zweitor (b)

Das Spannungsverhältnis $\underline{U}_1/\underline{U}_2$ kann mit der reziproken Spannungsübersetzung $\underline{A}_{11}$ des Zweitors in Bild 52b berechnet werden. Dieses Zweitor ist ein elementares Zweitor vom Typ XIII (s. S. 75). Da mit Gl. (142) (S. 76) die Widerstandsmatrix gegeben ist, drücken wir den Kettenparameter durch Widerstandsparameter (Tafel 3, S. 29) aus und finden

$$\underline{A}_{11} = \underline{U}_1/\underline{U}_2 \Big|_{\underline{I}_2' = 0} = \underline{Z}_{11}/\underline{Z}_{21}$$

Aus Gl. (142) (S. 76) folgen die Widerstandsparameter

$$\underline{Z}_{11} = \frac{(\underline{Z}_1 + \underline{Z}_4)(\underline{Z}_2 + \underline{Z}_3)}{\underline{Z}_1 + \underline{Z}_2 + \underline{Z}_3 + \underline{Z}_4} = \frac{(R + \frac{1}{j\omega C})(R + j\omega L)}{2R + j\omega L + \frac{1}{j\omega C}}$$

und

$$\underline{Z}_{21} = \frac{\underline{Z}_3\underline{Z}_4 - \underline{Z}_1\underline{Z}_2}{\underline{Z}_1 + \underline{Z}_2 + \underline{Z}_3 + \underline{Z}_4} = \frac{\frac{R}{j\omega C} - j\omega LR}{2R + j\omega L + \frac{1}{j\omega C}}$$

und schließlich der Kettenparameter

$$\underline{A}_{11} = \frac{\underline{Z}_{11}}{\underline{Z}_{21}} = \frac{(R + \frac{1}{j\omega C})(R + j\omega L)}{\frac{R}{j\omega C} - j\omega LR}$$

$$= \frac{R - \omega^2 RCL}{R + \omega^2 RCL} + j \frac{\omega L + \omega CR^2}{R + \omega^2 RCL}$$

Für die Kreisfrequenz $\omega_o = \sqrt{LC}$ ist die reziproke Spannungsübersetzung

$$\underline{A}_{11}(\omega_o) = \frac{\underline{U}_1}{\underline{U}_2} = \frac{j}{2}\left[\frac{1}{R}\sqrt{\frac{L}{C}} + R\sqrt{\frac{C}{L}}\right] = \frac{j}{2}\,\omega_o(\frac{L}{R} + RC)$$

5. Lineare Übertrager (Lufttransformator)

Die folgende Betrachtung linearer Übertrager mit der Zweitortheorie ist ein ausführliches und bemerkenswertes Beispiel für die Möglichkeiten dieser Theorie.

Ein Übertrager ist eine Anordnung von zwei magnetisch gekoppelten, gleichsinnig gewickelten Spulen. Um eine möglichst gute Flußverkettung zu erreichen, wickelt man diese Spulen auf ferromagnetische Kerne (Elektroblech, Ferritkerne). Solche Anordnungen sind nichtlinear. Ihre Berechnung ist u.U. schwierig. Nun kann man Luftübertrager und unter bestimmten Voraussetzungen auch Übertrager mit Kernen als lineare Anordnungen ansehen. Relativ große Luftspalte linearisieren hierbei ferromagnetische Kreise weitgehend.

Bild 53 stellt einen linearen Übertrager als Zweitor dar. Die Spulenverluste werden in den Serienwiderständen R_1 und R_2 zusammengefaßt. Die Maschengleichungen des Übertragers lauten damit allgemein

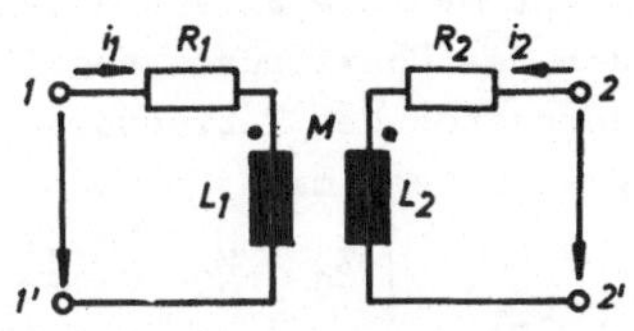

Bild 53   Übertrager

$$u_1 = i_1 R_1 + L_1\, di_1/dt + M\, di_2/dt$$

$$u_2 = i_2 R_2 + L_2\, di_2/dt + M\, di_1/dt$$

und für sinusförmige Ströme und Spannungen in komplexer Form

$$\underline{U}_1 = \underline{I}_1 R_2 + j\omega L_1 \underline{I}_1 + j\omega M \underline{I}_2$$

$$\underline{U}_2 = \underline{I}_2 R_2 + j\omega L_2 \underline{I}_2 + j\omega M \underline{I}_1$$

Aus diesem Gleichungspaar lassen sich die Zweitorgleichungen des Übertragers in der Widerstandsform

$$\underline{U}_1 = (R_1 + j\omega L_1)\underline{I}_1 + j\omega M \underline{I}_2$$

$$\underline{U}_2 = j\omega M \underline{I}_1 + (R_2 + j\omega L_2)\underline{I}_2$$

(149)

und schließlich die Widerstandsmatrix (150) herleiten.

$$(\underline{Z}) = \begin{bmatrix} R_1 + j\omega L_1 & j\omega M \\ j\omega M & R_2 + j\omega L_2 \end{bmatrix}$$

(150)

<u>Ersatzschaltung.</u> Das Schaltbild des Übertragers (Bild 50) enthält neben den bekannten passiven Bauelementen Wirkwiderstand und Induktivität die Gegeninduktivität M, die nicht unmittelbar als Zweipol darstellbar ist. Damit ist das Schaltbild (s. Bild 53) für Netzwerkberechnungen ungeeignet. Nun erlaubt ein Vergleich der Widerstandsmatrix (150) mit der des Elementarzweitors IX in Gl. (123) (S. 70) eine Ersatzschaltung allein mit Wirkwiderständen und Induktivitäten abzuleiten.

Setzt man die Widerstandsmatrix des T-Zweitors Gl. (123) mit der des Übertragers aus Gl. (150) gleich, so kann man die Widerstände des T-Zweitors in Bild 54a durch Koeffizientenvergleich bestimmen.

$$(\underline{Z}_T) = \begin{bmatrix} \underline{Z}_1 + \underline{Z}_2 & \underline{Z}_2 \\ \underline{Z}_2 & \underline{Z}_2 + \underline{Z}_3 \end{bmatrix} = \begin{bmatrix} R_1 + j\omega L_1 & j\omega M \\ j\omega M & R_2 + j\omega L_2 \end{bmatrix}$$

Man erhält

$$\underline{Z}_1 + \underline{Z}_2 = R_1 + j\omega L_1$$

$$\underline{Z}_2 + \underline{Z}_3 = R_2 + j\omega L_2$$

$$\underline{Z}_2 = j\omega M$$

und

$$\underline{Z}_1 = R_1 + j\omega L_1 - j\omega M$$

$$\underline{Z}_3 = R_2 + j\omega L_2 - j\omega M$$

$$\underline{Z}_2 = j\omega M$$

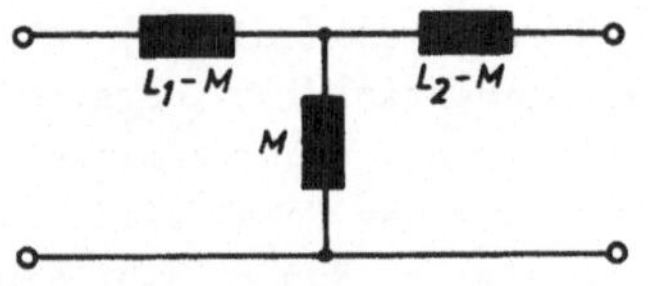

Bild 54 Ersatzschaltung
a) T-Zweitor
b) T-Ersatzzweitor

Mit der Ersatzschaltung in Bild 54b steht für den Übertrager nach Bild 53 ein Zweitor zur Verfügung, das als Bauelemente nur bekannte Zweipole wie Wirkwiderstände und Induktivitäten enthält. Die Gegeninduktivität M erscheint als reine Induktivität $L_M = M$.

5.1. Verlustloser Übertrager

Bild 55 T-Ersatzschaltbild eines verlustlosen Übertragers

Für viele Übertrager kleiner Leistung und in bestimmten Anwendungsfällen der Nachrichtentechnik kann man die Verluste der Spulen vernachlässigen. Die Gleichungen solcher Übertrager sind besonders einfach und übersichtlich.

Die Verkettung bzw. Streuung des magnetischen Flusses beschreibt man bei Transformatoren mit dem Kopplungsfaktor

$$\varkappa = \sqrt{\frac{M^2}{L_1 L_2}} \tag{151}$$

und dem Streukoeffizient

$$\sigma = 1 - \varkappa^2 \tag{152}$$

Mit diesen Begriffen und der Widerstandsmatrix des Übertragers in Gl. (150) erhält man mit $R_1 = R_2 = 0$ die <u>Widerstandsmatrix des verlustlosen Übertragers</u>

$$(\underline{Z}) = \begin{bmatrix} j\omega L_1 & j\omega M \\ j\omega M & j\omega L_2 \end{bmatrix} = \begin{bmatrix} j\omega L_1 & j\omega\varkappa\sqrt{L_1 L_2} \\ j\omega\varkappa\sqrt{L_1 L_2} & j\omega L_2 \end{bmatrix} \tag{153}$$

und mit Gl. (44) aus Tafel 3 (S. 29) die <u>Leitwertmatrix</u>

$$(\underline{Y}) = \frac{1}{\omega^2 M^2 - \omega^2 L_1 L_2} \begin{bmatrix} j\omega L_2 & -j\omega M \\ -j\omega M & j\omega L_1 \end{bmatrix}$$

$$= \begin{bmatrix} \dfrac{1}{j\omega L_1 \sigma} & \dfrac{-\varkappa^2}{j\omega M \sigma} \\[2mm] \dfrac{-\varkappa^2}{j\omega M \sigma} & \dfrac{1}{j\omega L_2 \sigma} \end{bmatrix} \tag{154}$$

sowie mit Gl. (45) aus Tafel 3 (S. 29) die <u>Kettenmatrix</u>

$$(\underline{A}) = \begin{bmatrix} \dfrac{L_1}{M} & j\omega M\left[\dfrac{L_1 L_2}{M^2} - 1\right] \\[2mm] \dfrac{1}{j\omega M} & \dfrac{L_2}{M} \end{bmatrix} = \begin{bmatrix} \dfrac{L_1}{M} & j\omega M\,\dfrac{\sigma}{\varkappa^2} \\[2mm] \dfrac{1}{j\omega M} & \dfrac{L_2}{M} \end{bmatrix} \tag{155}$$

Die Kettengleichungen nach Gl. (5) (S. 13) lauten dann mit Gl. (155)

$$\underline{U}_1 = \frac{L_1}{M}\,\underline{U}_2 + j\omega M\,\frac{\sigma}{\varkappa^2}\,\underline{I}'_2 \tag{156}$$

$$\underline{I}_1 = \frac{1}{j\omega M}\,\underline{U}_2 + \frac{L_2}{M}\,\underline{I}'_2 \tag{157}$$

<u>Spannungsübersetzung eines beliebig abgeschlossenen Übertragers.</u> Wird ein verlustloser Übertrager in Bild 56 mit dem

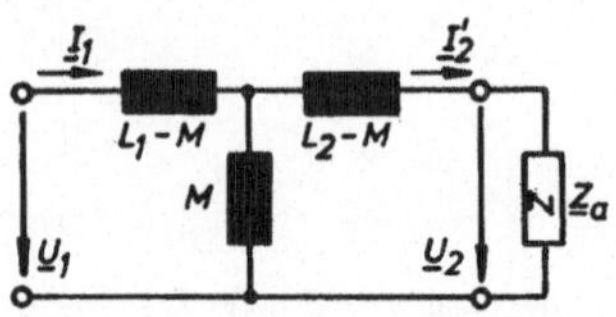

komplexen Lastwiderstand $\underline{Z}_a$ abgeschlossen, so kann man über Gl. (156) die Spannungsübersetzung berechnen. Wir setzen den Widerstand $\underline{Z}_a = \underline{U}_2/\underline{I}_2'$ in Gl. (156) ein

Bild 56   Belasteter Übertrager

$$\underline{U}_1 = \frac{L_1}{M}\,\underline{U}_2 + j\omega M\,\frac{\sigma}{\varkappa^2}\,\frac{\underline{U}_2}{\underline{Z}_a}$$

und finden die <u>Spannungsübersetzung</u>

$$\frac{\underline{U}_1}{\underline{U}_2} = \frac{L_1}{M} + j\omega M\,\frac{\sigma}{\varkappa^2}\,\frac{1}{\underline{Z}_a} \tag{158}$$

<u>Stromübersetzung.</u> Die Stromübersetzung eines komplex belasteten Übertragers nach Bild 56 gewinnt man aus der zweiten Kettengleichung (157). Wir setzen zunächst wieder $\underline{Z}_a = \underline{U}_2/\underline{I}_2'$ in Gl. (157) ein

$$\underline{I}_1 = \frac{1}{j\omega M}\,\underline{Z}_a\underline{I}_2' + \frac{L_2}{M}\,\underline{I}_2'$$

und ermitteln daraus die <u>Stromübersetzung</u>

$$\frac{\underline{I}_1}{\underline{I}_2'} = \frac{\underline{Z}_a}{j\omega M} + \frac{L_2}{M} \tag{159}$$

<u>Eingangswiderstand.</u> Wird der verlustlose Übertrager in Bild 56 mit dem Widerstand $\underline{Z}_a$ abgeschlossen, so kann man den Eingangswiderstand $\underline{Z}_1$ mit Gl. (71) S. (44) berechnen. Mit den Widerstandsparametern aus Gl. (150) S. (85) erhält man den <u>Eingangswiderstand</u> eines beliebig abgeschlossenen Übertragers

$$\underline{Z}_1 = \underline{Z}_{11} - \frac{\underline{Z}_{12}\underline{Z}_{21}}{\underline{Z}_{22} + \underline{Z}_a} = j\omega L_1 + \frac{(\omega M)^2}{j\omega L_2 + \underline{Z}_a} \tag{160}$$

Das Verhalten des Eingangswiderstandes in Abhängigkeit vom Lastwiderstand kann man mit Ortskurven in der komplexen Ebene des Eingangswiderstandes recht anschaulich darstellen und beurteilen [4].

5.2. Streuungsfreier Übertrager

Sind die Streuungen eines Übertragers vernachlässigbar klein und damit die Kopplung sehr fest, so gelten für diesen Übertrager besonders einfache Beziehungen. Mit $\sigma = 0$, $\varkappa = 1$ gilt für die Gegeninduktivität mit Gl. (151)

$$M^2 = L_1 L_2 \tag{161}$$

und mit Gl. (155) erhält man die __Kettenmatrix__ des streuungsfreien Übertragers

$$(\underline{A}) = \begin{bmatrix} \sqrt{\dfrac{L_1}{L_2}} & 0 \\[2ex] \dfrac{1}{j\omega M} & \sqrt{\dfrac{L_2}{L_1}} \end{bmatrix} \tag{162}$$

Berücksichtigt man weiter den Zusammenhang zwischen Windungszahl und Induktivität einer Spule $L \sim N^2$ und führt das Übersetzungsverhältnis $\ddot{u} = N_1/N_2 = \sqrt{L_1/L_2}$ ein, so lautet die __Kettenmatrix__ schließlich

$$(\underline{A}) = \begin{bmatrix} \dfrac{N_1}{N_2} & 0 \\[2ex] \dfrac{1}{j\omega M} & \dfrac{N_2}{N_1} \end{bmatrix} = \begin{bmatrix} \ddot{u} & 0 \\[2ex] \dfrac{1}{j\omega M} & \dfrac{1}{\ddot{u}} \end{bmatrix} \tag{163}$$

__Ersatzschaltung.__ Für einen verlustlosen, streuungsfreien Übertrager kann man eine einfache eingangsseitige Ersatzschaltung angeben, wenn man Eingangsspannung, Eingangsstrom und Eingangsleitwert geeignet darstellt. Aus der ersten Gleichung der Kettenform in Gl. (5) (S. 13) und den Kettenparametern aus Gl. (163) erhält man die Eingangsspannung

$$\underline{U}_1 = \underline{A}_{11}\underline{U}_2 + \underline{A}_{12}\underline{I}_2' = \ddot{u}\,\underline{U}_2 \tag{164}$$

und aus der ersten Gleichung der Widerstandsform in Gl. (3) (S. 13) mit den Widerstandsparametern aus Gl. (153)

$$\underline{U}_1 = \underline{Z}_{11}\underline{I}_1 + \underline{Z}_{12}\underline{I}_2 = j\omega L_1\underline{I}_1 + j\omega M\underline{I}_2$$

mit $\underline{I}_2' = -\underline{I}_2$ den Eingangsstrom

$$\underline{I}_1 = \frac{\underline{U}_1}{j\omega L_1} - \frac{M}{L_1}\underline{I}_2 = \frac{\underline{U}_1}{j\omega L_1} + \frac{M}{L_1}\underline{I}_2'$$

Mit dem Leerlauf-Eingangsstrom $\underline{I}_{11} = \underline{U}_1/(j\omega L_1)$ und der Umformung von Gl. (161) $M/L_1 = \sqrt{L_2/L_1} = 1/\ddot{u}$ findet man schließlich den <u>Eingangsstrom</u>

$$\underline{I}_1 = \frac{\underline{U}_1}{j\omega L_1} + \frac{\underline{I}_2'}{\ddot{u}} \tag{165}$$

Mit Gl. (71) (S. 44) für den Eingangswiderstand eines beliebig abgeschlossenen Zweitors und Gl. (153) für die Widerstandsmatrix des Übertragers erhält man den <u>Eingangsleitwert</u>

$$\underline{Y}_1 = \frac{1}{\underline{Z}_1} = \frac{\underline{Z}_a + \underline{Z}_{22}}{\underline{Z}_{11}\underline{Z}_a + \underline{Z}_{11}\underline{Z}_{22} - \underline{Z}_{12}\underline{Z}_{21}}$$

$$= \frac{j\omega L_2 + \underline{Z}_a}{j\omega L_1\underline{Z}_a - \omega^2 L_1 L_2 + (\omega M)^2}$$

und mit $M^2 = L_1 L_2$

$$\underline{Y}_1 = \frac{j\omega L_2 + \underline{Z}_a}{j\omega L_1 \underline{Z}_a} = \frac{1}{j\omega L_1} + \frac{1}{\ddot{u}^2 \underline{Z}_a} = \frac{1}{\underline{Z}_{11}} + \underline{Y}' \tag{166}$$

Man überzeugt sich leicht, daß die Ersatzschaltung in Bild 57 sowohl Gl. (165) wie (166) erfüllt.

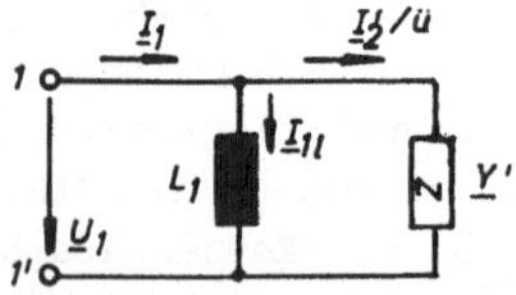

Bild 57 Ersatzschaltung eines streuungsfreien Übertragers

5.3. Idealer Übertrager

Die Gleichungen des idealen Übertragers sind leicht verständliche und in gewissen Grenzen anwendbare Näherungsgleichungen des Transformators. Einen Übertrager mit idealen Eigenschaften erhielte man, wenn die Induktivitäten L_1 und L_2 beliebig groß gemacht werden könnten. Mit einer sehr großen Primärinduktivität $L_1 \to \infty$ erhält man mit Gl. (161) (S. 89) den Kettenparameter $\underline{A}_{21}$ der Kettenmatrix in Gl. (162)

$$\underline{A}_{21} = \frac{1}{j\omega M} = \frac{1}{j\omega \sqrt{L_1 L_2}} \approx 0$$

und damit die **Kettenmatrix** des idealen Übertragers

$$(\underline{A}) = \begin{bmatrix} ü & 0 \\ 0 & \dfrac{1}{ü} \end{bmatrix} \tag{167}$$

Aus Gl. (164) bis (166) ergeben sich die bekannten Näherungsgleichungen des Transformators

$$\frac{U_1}{U_2} = \frac{N_1}{N_2} = ü, \qquad \frac{I_1}{I_2} = \frac{N_2}{N_1} = \frac{1}{ü}, \qquad \frac{Z_1}{Z_2} = \left[\frac{N_1}{N_2}\right]^2 = ü^2 \tag{168}$$

<u>Beispiel 18:</u> Bauvorschriften und Daten eines Kleintransformators sind verloren gegangen. Induktivitätsmessungen bei der Betriebsfrequenz f = 1 kHz haben die Eingangs- und Ausgangs-Leerlaufinduktivität L_1 = 0,8 H und L_2 = 0,25 H sowie die Eingangs- und Ausgangs-Kurzschlußinduktivität L_{1k} = 0,22 H und L_{2k} = 70 mH ergeben. Dazu kann der Transformator als näherungsweise verlustlos angesehen werden.

Es ist die Spannungs- und Stromübersetzung sowie der Eingangswiderstand zu bestimmen, wenn der Transformator bei der Frequenz f = 1 kHz betrieben wird und mit dem Lastwiderstand R_a = 1 kΩ belastet wird.

Aus den gemessenen Leerlauf- und Kurzschlußinduktivitäten bestimmen wir zunächst die Gegeninduktivität M. Dazu dient die ausgangsseitig kurzgeschlossene T-Ersatzschaltung des Übertragers in Bild 58. Darin beträgt die Eingangs-Kurzschlußinduktivität

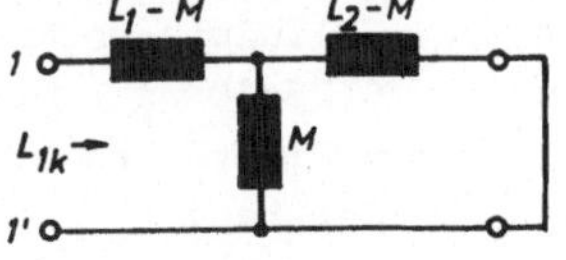

Bild 58 T-Ersatzschaltung

$$L_{1k} = L_1 - M + \frac{M(L_2 - M)}{L_2} = L_1 - \frac{M^2}{L_2}$$

und umgestellt nach der Gegeninduktivität

$$M = \sqrt{L_2(L_1 - L_{1k})} \tag{169}$$

erhält man mit den gemessenen Induktivitäten die Gegeninduktivität

$$M = \sqrt{0,25(0,8 - 0,22)}\ \text{H} = 0,38\ \text{H}$$

Mit Gl. (151) (S. 87) finden wir den Kopplungsfaktor

$$\varkappa = \sqrt{\frac{M^2}{L_1 L_2}} = \sqrt{\frac{0,38^2}{0,8 \cdot 0,25}} = 0,85$$

und mit Gl. (152) den Streukoeffizienten

$$\sigma = 1 - \varkappa^2 = 0,28$$

Wir bestimmen jetzt für die Kreisfrequenz $\omega = 2\pi f = 2\pi \cdot 1$ kHz $= 6,28 \cdot 10^3$ s^{-1} und den Lastwiderstand $R_a = 1$ kΩ mit Gl. (158) (S. 88) die Spannungsübersetzung

$$\frac{U_1}{U_2} = \frac{L_1}{M} + j\omega M \frac{\sigma}{\varkappa^2} \frac{1}{Z_a}$$

$$= \frac{0,8}{0,38} + j6,28 \cdot 10^3 \text{ s}^{-1} \cdot 0,38 \text{ H} \frac{0,28}{0,73} \cdot \frac{1}{1 \text{ k}\Omega}$$

$$= 2,1 + j0,92 = 2,3\ e^{j24^o}$$

und mit Gl. (159) (S. 88) die Stromübersetzung

$$\frac{I_1}{I_2} = \frac{Z_a}{j\omega M} + \frac{L_2}{M} = \frac{1 \text{ k}\Omega}{j6,28 \cdot 10^3 \text{ s}^{-1} \cdot 0,38 \text{ H}} + \frac{0,25}{0,38}$$

$$= 0,66 - j0,42 = 0,78\ e^{-j32^o}$$

Mit den Blindwiderständen $\omega L_1 = 6,28 \cdot 10^3$ s$^{-1} \cdot 0,8$ H $= 5$ kΩ, $\omega L_2 = 6,28 \cdot 10^3$ s$^{-1} \cdot 0,25$ H $= 1,6$ kΩ und $\omega M = 6,28 \cdot 10^3$ s^{-1} $0,38$ H $= 2,4$ kΩ erhalten wir mit Gl. (160) (S. 88) den Eingangswiderstand

$$Z_1 = j\omega L_1 + \frac{(\omega M)^2}{j\omega L_2 + Z_a} = j5 \text{ k}\Omega + \frac{(2,4 \text{ k}\Omega)^2}{j1,6 \text{ k}\Omega + 1 \text{ k}\Omega}$$

$$= j5 \text{ k}\Omega + \frac{5,76(1 - j1,6)}{3,56} \text{ k}\Omega$$

$$= 1,6 \text{ k}\Omega + j2,4 \text{ k}\Omega = 2,9 \text{ k}\Omega\ e^{j56^o}$$

5.4. Gyrator

Die Kettenform der Zweitorgleichungen des idealen Übertragers lautet mit der Kettenmatrix Gl. (167)

$$\underline{U}_1 = \underline{A}_{11}\underline{U}_2 + \underline{A}_{12}\underline{I}_2' = ü\,\underline{U}_2$$

$$\underline{I}_1 = \underline{A}_{21}\underline{U}_2 + \underline{A}_{22}\underline{I}_2' = \underline{I}_2'/ü$$

und in Form des Produktes beider Beziehungen

$$\underline{U}_1\underline{I}_1 = \underline{U}_2\underline{I}_2' \tag{170}$$

Die komplexen Leistungen sind eingangs- und ausgangsseitig gleich. Man überzeugt sich nun leicht, daß diese Eigenschaft auch durch die Kettenmatrix

$$(\underline{A}) = \begin{bmatrix} 0 & \underline{Z} \\ 1/\underline{Z} & 0 \end{bmatrix} \tag{171}$$

erfüllt wird. Ausgeschrieben lauten die Kettengleichungen

$$\underline{U}_1 = \underline{Z}\,\underline{I}_2'$$

$$\underline{I}_1 = \underline{U}_2/\underline{Z}$$

und in Produktform

$$\underline{U}_1\underline{I}_1 = \underline{U}_2\underline{I}_2'$$

Auch hier sind die Leistungen eingangs- und ausgangsseitig gleich. Ein Zweitor mit der Kettenmatrix Gl. (171) nennt man Gyrator[1]. Es hat bemerkenswerte Eigenschaften. Schaltet man z.B. zwei gleiche Gyratoren in Kette, so hat diese Kettenschaltung wegen

$$(\underline{A})(\underline{A}) = \begin{bmatrix} 0 & \underline{Z} \\ 1/\underline{Z} & 0 \end{bmatrix}\begin{bmatrix} 0 & \underline{Z} \\ 1/\underline{Z} & 0 \end{bmatrix} = \begin{bmatrix} 1 & 0 \\ 0 & 1 \end{bmatrix}$$

die Eigenschaften eines idealen Übertragers mit dem Übersetzungsverhältnis ü = 1.

---

[1] Grch. gyros = rund

Schaltet man zwei verschiedene Gyratoren in Kette, so hat diese Kettenschaltung mit den Einzelmatrizen

$$(\underline{A}_1)(\underline{A}_2) = \begin{bmatrix} 0 & \underline{Z}_1 \\ 1/\underline{Z}_1 & 0 \end{bmatrix}\begin{bmatrix} 0 & \underline{Z}_2 \\ 1/\underline{Z}_2 & 0 \end{bmatrix} = \begin{bmatrix} \underline{Z}_1/\underline{Z}_2 & 0 \\ 0 & \underline{Z}_2/\underline{Z}_1 \end{bmatrix}$$

die Eigenschaften eines idealen Übertragers mit dem Übersetzungsverhältnis ü = $\underline{Z}_1/\underline{Z}_2$.

Eine eingehende Betrachtung dieses bemerkenswerten Zweitors
würde den Rahmen dieses Skriptums sprengen. Über Realisations-
möglichkeiten kann daher hier nichts ausgeführt werden. Aus
linearen, passiven Bauelementen können Gyratoren jedoch nicht
aufgebaut werden.

6. Betriebsdämpfung

Man kann das Übertragungsverhalten eines Zweitors für den
Leerlauf- bzw. Kurzschlußfall mit Zweitorparametern wie der
reziproken Spannungsübersetzung $\underline{A}_{11}$, der Steilheit $\underline{Y}_{21}$ oder
der Kurzschluß-Stromverstärkung $\underline{h}_{21}$ (Tafel 2, S. 21) untersuchen. Um aber das Übertragungsverhalten auch für den allgemeinen Betriebsfall beurteilen zu können, definiert man eine besondere Größe, die Betriebsdämpfung a.

Dazu wird der allgemeine Betriebsfall durch das Modell Sender-Zweitor-Empfänger in Bild 59 (s. auch Abschn. 1, S. 10)
dargestellt. Dabei beschränken wir uns in diesem Skriptum auf
Schaltungen mit reellem Innen- und Lastwiderstand R_i bzw. R_a.
Um die Übertragungseigenschaften des Zweitors zu beschreiben,
vergleicht man die Ausgangsleistung am Lastwiderstand R_a mit
der verfügbaren Leistung des Senders.

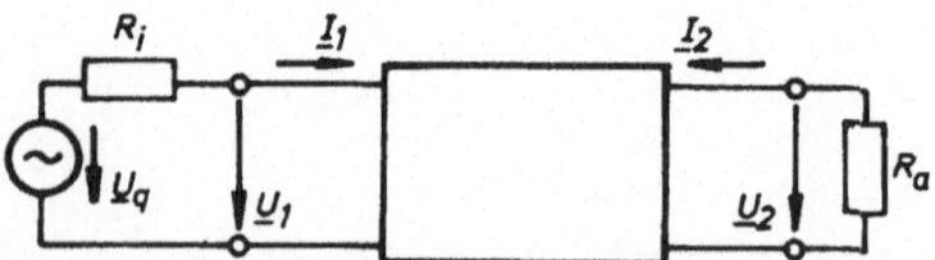

Bild 59 Modell Sender-Zweitor-Empfänger

<u>Verfügbare Leistung.</u> Die verfügbare Leistung einer elektrischen Quelle ist die maximal entnehmbare Leistung. Sie wird an den Verbraucher bei Leistungsan-
passung abgegeben, also wenn der In-
nenwiderstand R_i der Quelle gleich
dem Verbraucherwiderstand R_v ist.
Die Spannung am Verbraucherwiderstand R_v ist dabei gleich der hal-
ben Leerlaufspannung $\underline{U}_q$ der Quelle
(Bild 60). Die verfügbare Leistung

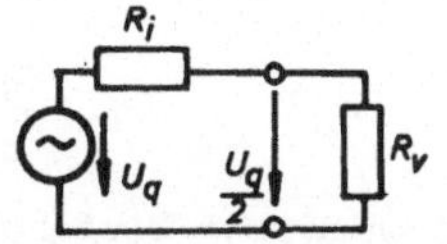

Bild 60 Belastete Span-
nungsquelle

der Quelle in Bild 60 bzw. des Senders in Bild 59 beträgt also

$$P_v = U_q^2/4R_i \qquad (172)$$

Die Leistung am Lastwiderstand R_a im Ausgangskreis des Zweitors in Bild 59 beträgt

$$P_a = U_2^2/R_a \qquad (173)$$

<u>Betriebsdämpfung.</u> Die Betriebsdämpfung wird als das Verhält-
nis der verfügbaren Leistung der Signalquelle zur Wirkleistung
am Lastwiderstand R_a definiert und logarithmisch in dB ausgedrückt.

$$a/dB = 10\lg P_v/P_a \qquad (174)$$

Mit der Definition der verfügbaren Leistung (172), der Ausgangsleistung (173) und einfachen Zusammenhängen aus Bild 59

$$U_q = \underline{U}_1 + \underline{I}_1 R_i \quad \text{und} \quad \underline{U}_2 = -\underline{I}_2 R_a$$

erhält man für das Leistungsverhältnis in Gl. (174) zunächst

$$\frac{P_v}{P_a} = \frac{U_o^2}{4R_i} \cdot \frac{R_a}{U_2^2} = \frac{R_a}{4R_i}\left|\frac{\underline{U}_1 + \underline{I}_1 R_i}{-\underline{I}_2 R_a}\right|^2 = \frac{1}{4R_i R_a}\left|\frac{\underline{U}_1 + \underline{I}_1 R_i}{\underline{I}_2}\right|^2$$

Drückt man nun die Eingangsspannung $\underline{U}_1$ über den Eingangswiderstand $\underline{Z}_1$ des Zweitors (Bild 59, S. 94) mit $\underline{U}_1 = \underline{I}_1\underline{Z}_1$ aus, so erhält man für das Leistungsverhältnis

$$\frac{P_v}{P_a} = \frac{1}{4R_iR_a}\left|\frac{\underline{I}_1(\underline{Z}_1 + R_i)}{\underline{I}_2}\right|^2$$

Das in dieser Beziehung enthaltene Stromverhältnis $\underline{I}_1/\underline{I}_2$ wird mit der ersten Gleichung der Widerstandsform (3) (S. 13) und der Beziehung für den Eingangswiderstand eines Zweitors (71) aus Tafel 6 (S. 45) ausgedrückt.

$$\underline{U}_1 = \underline{Z}_{11}\underline{I}_1 + \underline{Z}_{12}\underline{I}_2 \tag{3}$$

$$\underline{U}_1/\underline{I}_1 = \underline{Z}_1 = \underline{Z}_{11} + \underline{Z}_{12}\underline{I}_2/\underline{I}_1$$

$$\underline{I}_1/\underline{I}_2 = \underline{Z}_{12}/(\underline{Z}_1 - \underline{Z}_{11})$$

Mit Gl. (71) $\underline{Z}_1 = \underline{Z}_{11} - \underline{Z}_{12}\underline{Z}_{21}/(\underline{Z}_{22} + R_a)$

ergibt sich $\quad \underline{I}_1/\underline{I}_2 = -(\underline{Z}_{22} + R_a)/\underline{Z}_{21}$

und schließlich das Leistungsverhältnis

$$\frac{P_v}{P_a} = \frac{1}{4R_iR_a}\left|\frac{\underline{Z}_{22} + R_a}{\underline{Z}_{21}}\left(\underline{Z}_{11} - \frac{\underline{Z}_{12}\underline{Z}_{21}}{(\underline{Z}_{22} + R_a)} + R_a\right)\right|^2$$

Nach einer einfachen Umrechnung erhält man die <u>Betriebsdämpfung</u>

$$\frac{a}{dB} = 10\lg\frac{P_v}{P_a} = 10\lg\frac{1}{4R_iR_a}\left|\frac{(\underline{Z}_{11} + R_i)(\underline{Z}_{22} + R_a)}{\underline{Z}_{21}} - \underline{Z}_{12}\right|^2 \tag{175}$$

<u>Beispiel 19:</u> Ein T-Zweitor (Bild 61) mit den Kapazitäten $C = 0,5\ \mu F$ und dem Wirkwiderstand $R = 1\ k\Omega$ wird an eine Spannungsquelle mit dem Innenwiderstand $R_i = 600\Omega$ angeschlossen und mit dem Widerstand $R_a = 600\Omega$ belastet. Die Betriebsfrequenz ist $f = 1\ kHz$.
Man bestimme die Betriebsdämpfung.

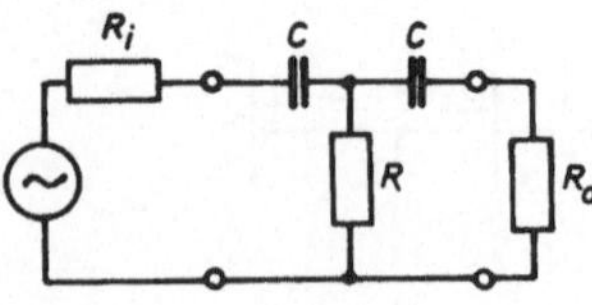

Bild 61   T-Zweitor

Zunächst ermittelt man die Widerstandsmatrix des T-Zweitors. Mit der Kreisfrequenz $\omega = 2\pi f = 2\pi \cdot 1 \text{ kHz} = 6{,}28 \cdot 10^3 \text{ s}^{-1}$ und dem Blindwiderstand $X_C = 1/\omega C = 1/6{,}28 \cdot 10^3 \text{ s}^{-1} 0{,}5 \text{ }\mu F = 318\,\Omega$ erhält man mit Gl. (123) (S. 70) die Widerstandsmatrix

$$(\underline{Z}) = \begin{bmatrix} \underline{Z}_1 + \underline{Z}_2 & \underline{Z}_2 \\ \underline{Z}_2 & \underline{Z}_2 + \underline{Z}_3 \end{bmatrix} = \begin{bmatrix} R - jX_C & R \\ R & R - jX_C \end{bmatrix}$$

$$= \begin{bmatrix} 1000 - j318 & 1000 \\ 1000 & 1000 - j318 \end{bmatrix} \Omega$$

Wenn wir diese Widerstandsparameter in Gl. (175) einsetzen, finden wir die gesuchte Betriebsdämpfung

$$\frac{P_v}{P_a} = \frac{1}{4R_i R_a} \left| \frac{(\underline{Z}_{11} + R_i)(\underline{Z}_{22} + R_a)}{\underline{Z}_{21}} - \underline{Z}_{12} \right|^2$$

$$= \frac{1}{4 \cdot 600^2} \left| \frac{(1600 - j318)^2}{1000} - 1000 \right|^2 = 2{,}20$$

$$a = 10 \lg P_v/P_a = 10 \lg 2{,}20 = 3{,}4 \text{ dB}$$

7. Ersatzschaltungen

Wir haben gesehen, daß ein Zweitor durch seine Matrizen eindeutig und vollständig beschrieben wird. Mit den Zweitormatrizen bzw. den Zweitorparametern kann man untersuchen, wie das Zweitor mit seiner elektrischen Umgebung zusammenwirkt. Dann haben wir Methoden entwickelt, um zu einer gegebenen Schaltung Zweitormatrizen aufzustellen und anzuwenden. Nun kann man die Aufgabenstellung umkehren und versuchen, zu einer gegebenen Matrix ein Zweitor zu entwerfen. Dabei sollte eine möglichst einfache Schaltung gefunden werden.

7.1. Ersatz-T-Zweitor

Ein Zweitor mit der Betriebsdämpfung a ist nach Gl. (175) durch die Widerstandsparameter $\underline{Z}_{11}$, $\underline{Z}_{12}$ und $\underline{Z}_{22}$ bestimmt.

Wir vergleichen nun die gegebene (allgemeine) Widerstandsmatrix

$$(\underline{Z}) = \begin{bmatrix} \underline{Z}_{11} & \underline{Z}_{12} \\ \underline{Z}_{21} & \underline{Z}_{22} \end{bmatrix}$$

mit Matrizen der Elementarzweitore (s. Abschn. 4, S. 64). Im allgemeinen sind die Parameter $\underline{Z}_{11}$, $\underline{Z}_{12}$, $\underline{Z}_{21}$ und $\underline{Z}_{22}$ voneinander verschieden; wegen des Umkehrungssatzes Gl. (54) (S. 34) gilt jedoch $\underline{Z}_{12} = \underline{Z}_{21}$. Die einfachste Widerstandsmatrix, welche diese Bedingung erfüllt, ist die des T-Zweitors (Bild 62).

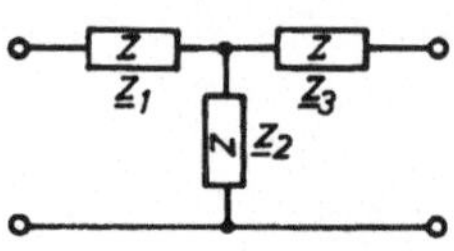

Bild 62   Z-Zweitor

Vergleicht man dessen Matrix aus Gl. (123) (S. 70) mit der allgemeinen Widerstandsmatrix

$$\begin{bmatrix} \underline{Z}_{11} & \underline{Z}_{12} \\ \underline{Z}_{21} & \underline{Z}_{22} \end{bmatrix} = \begin{bmatrix} \underline{Z}_1 + \underline{Z}_2 & \underline{Z}_2 \\ \underline{Z}_2 & \underline{Z}_2 + \underline{Z}_3 \end{bmatrix}$$

so erhält man die Widerstände des Ersatz-T-Zweitors zu

$$\underline{Z}_2 = \underline{Z}_{12}$$
$$\underline{Z}_1 = \underline{Z}_{11} - \underline{Z}_{12} \qquad (177)$$
$$\underline{Z}_3 = \underline{Z}_{22} - \underline{Z}_{12}$$

Sind die Widerstandsparameter eines Zweitors gegeben, so kann man mit Gl. (177) das Ersatz-T-Zweitor angeben. Kompliziertere Schaltungen können auf diese Weise in einfachere, äquivalente umgewandelt werden.

7.2. Ersatz-π-Zweitor

Ist das Zweitor, für das eine Ersatzschaltung gesucht wird, durch seine Leitwertmatrix

$$(\underline{Y}) = \begin{bmatrix} \underline{Y}_{11} & \underline{Y}_{12} \\ \underline{Y}_{21} & \underline{Y}_{22} \end{bmatrix}$$

gegeben, so werden auch hier die Parameter $\underline{Y}_{11}$, $\underline{Y}_{12}$, $\underline{Y}_{21}$ und $\underline{Y}_{22}$ voneinander verschieden sein; wegen des Umkehrungssatzes gilt aber $\underline{Y}_{12} = \underline{Y}_{21}$ (S. 34). Die einfachste Leitwertmatrix, die diese Bedingung erfüllt, ist die des π-Zweitors in Bild 63. Vergleicht man seine Matrix in Gl. (127) (S. 71) mit der allgemeinen Leitwertmatrix und drückt die Widerstände in Bild 63 durch ihre Leitwerte aus,

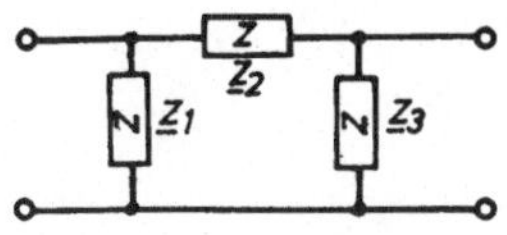

Bild 63 π-Zweitor

$$\begin{bmatrix} \underline{Y}_{11} & \underline{Y}_{12} \\ \underline{Y}_{21} & \underline{Y}_{22} \end{bmatrix} = \begin{bmatrix} 1/\underline{Z}_1 + 1/\underline{Z}_2 & -1/\underline{Z}_2 \\ -1/\underline{Z}_2 & 1/\underline{Z}_2 + 1/\underline{Z}_3 \end{bmatrix} = \begin{bmatrix} \underline{Y}_1 + \underline{Y}_2 & -\underline{Y}_2 \\ -\underline{Y}_2 & \underline{Y}_2 + \underline{Y}_3 \end{bmatrix}$$

so erhält man die Leitwerte des Ersatz-π-Zweitors zu

$$\underline{Y}_2 = -\underline{Y}_{12}$$
$$\underline{Y}_1 = \underline{Y}_{11} + \underline{Y}_{12} \tag{178}$$
$$\underline{Y}_3 = \underline{Y}_{22} + \underline{Y}_{12}$$

Ist das Zweitor, für das die π-Ersatzschaltung gesucht wird, durch seine Widerstandsmatrix gegeben, so kann man die Widerstände des π-Zweitors in Bild 63 aus den Gl. (178) über die Umrechnungsgleichungen (44) aus Tafel 3 (S. 23) bestimmen. Mit der Determinante der Widerstandsmatrix

$$\underline{Z} = \underline{Z}_{11}\underline{Z}_{22} - \underline{Z}_{12}\underline{Z}_{21} = \underline{Z}_{11}\underline{Z}_{22} - \underline{Z}_{12}^2$$

erhält man

$$\underline{Y}_2 = -\underline{Y}_{12} = \underline{Z}_{12}/\underline{Z} = \frac{\underline{Z}_{12}}{\underline{Z}_{11}\underline{Z}_{22} - \underline{Z}_{12}\underline{Z}_{21}}$$

$$\underline{Y}_1 = \underline{Y}_{11} + \underline{Y}_{12} = \frac{\underline{Z}_{22}}{\underline{Z}} - \frac{\underline{Z}_{12}}{\underline{Z}} = \frac{\underline{Z}_{22} - \underline{Z}_{12}}{\underline{Z}_{11}\underline{Z}_{22} - \underline{Z}_{12}\underline{Z}_{21}}$$

$$\underline{Y}_3 = \underline{Y}_{22} + \underline{Y}_{12} = \frac{\underline{Z}_{11}}{\underline{Z}} - \frac{\underline{Z}_{12}}{\underline{Z}} = \frac{\underline{Z}_{11} - \underline{Z}_{12}}{\underline{Z}_{11}\underline{Z}_{22} - \underline{Z}_{12}\underline{Z}_{21}}$$

und schließlich die Widerstände der π-Ersatzschaltung

$$\underline{Z}_1 = 1/\underline{Y}_1 = \frac{\underline{Z}_{11}\underline{Z}_{22} - \underline{Z}_{12}^2}{\underline{Z}_{22} - \underline{Z}_{12}} \tag{179}$$

$$\underline{Z}_3 = 1/\underline{Y}_3 = \frac{\underline{Z}_{11}\underline{Z}_{22} - \underline{Z}_{12}^2}{\underline{Z}_{11} - \underline{Z}_{12}}$$

$$\underline{Z}_2 = 1/\underline{Y}_2 = \frac{\underline{Z}_{11}\underline{Z}_{22} - \underline{Z}_{12}^2}{\underline{Z}_{12}}$$

(179)

<u>Beispiel 20</u>: Für den verlustlosen Übertrager aus Abschn. 5.1 mit der Widerstandsmatrix in Gl. (153) (S. 87) ist das Ersatz-π-Zweitor zu ermitteln.

Mit den Widerstandsparametern $\underline{Z}_{11} = j\omega L_1$, $\underline{Z}_{12} = j\omega M$ und $\underline{Z}_{22} = j\omega L_2$ finden wir mit Gl. (179) die Widerstände der Ersatz-π-Schaltung für Bild 64

$$\underline{Z}_1 = \frac{-\omega^2 L_1 L_2 + (\omega M)^2}{j\omega L_2 - j\omega M} = j\omega \frac{L_1 L_2 - M^2}{L_2 - M} = j\omega L_{1\pi}$$

$$\underline{Z}_2 = \frac{-\omega^2 L_1 L_2 + (\omega M)^2}{j\omega M} = j\omega \frac{L_1 L_2 - M^2}{M} = j\omega L_{2\pi}$$

$$\underline{Z}_3 = \frac{-\omega^2 L_1 L_2 + (\omega M)^2}{j\omega L_1 - j\omega M} = j\omega \frac{L_1 L_2 - M^2}{L_1 - M} = j\omega L_{3\pi}$$

$$L_{1\pi} = \frac{L_1 L_2 - M^2}{L_2 - M}$$

$$L_{2\pi} = \frac{L_1 L_2 - M^2}{M}$$

$$L_{3\pi} = \frac{L_1 L_2 - M^2}{L_1 - M}$$

Bild 64   π-Ersatzschaltung
des verlustlosen
Übertragers

Wir haben für den verlustlosen Übertrager zwei Ersatzschaltungen gefunden, die T-Ersatzschaltung in Bild 52 (S. 86) und die π-Ersatzschaltung in Bild 64. Nach Abschn. 4.4 über äquivalente T- und π-Zweitore (S. 72) existiert zu jedem T-Zweitor ein äquivalentes π-Zweitor und umgekehrt. Man hätte die π-Ersatzschaltung auch aus den Gl. (153) (S. 73) gewinnen können.

<u>Vollständige Ersatzschaltungen des Übertragers.</u> Die Ersatz-
schaltungen des verlustlosen Übertragers in Bild 55 und 64
erfüllen die Zweitormatrizen Gl. (153) bis (155) (S. 87). Ein
wesentliches Merkmal des Transformators jedoch, die galvani-
sche Trennung von Eingangs- und Ausgangskreis, wird nicht erfaßt. Will man diese Trennung ebenfalls darstellen, so schaltet man nach Bild 65 zur T- bzw. π-Ersatzschaltung einen idealen Übertrager mit dem Übersetzungsverhältnis ü = 1 in Kette.

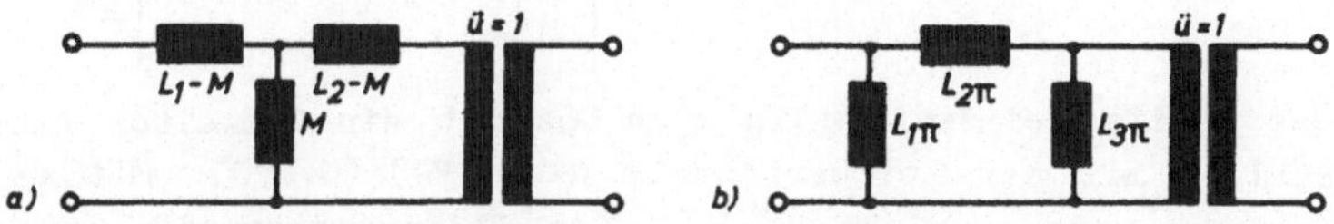

Bild 65   Vollständige T-Ersatzschaltung (a) und vollständige
          π-Ersatzschaltung (b)

<u>Beispiel 21:</u> Für ein Filter nach
Bild 66a mit den Induktivitäten
$L_1 = L_2 = 20$ mH, den Kapazitäten
$C_1 = 1$ µF und $C_2 = 0,8$ µF und den
Wirkwiderständen $R_1 = R_2 = 100 Ω$
soll für die Frequenz f = 2 kHz
das Ersatz-π-Zweitor ermittelt
werden.

Um die Bauelemente des π-Zweitors
zu ermitteln, wird zunächst die
Leitwertmatrix des Filters aufgestellt. Das Filter ist eine Parallelschaltung der Elementarzweitore in Bild 66b und c.

Bild 66   Filter (a) und Teilzwei-
          tore (b) und (c)

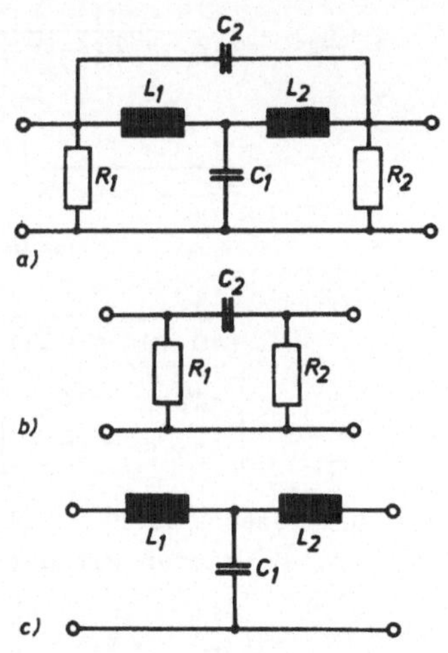

Das Teilzweitor in Bild 66b ist ein π-Zweitor nach Bild 42
mit der Leitwertmatrix Gl. (127) (S. 71).

Mit der Kreisfrequenz $\omega = 2\pi f = 2\pi \cdot 2$ kHz $= 1{,}26 \cdot 10^4$ s^{-1} und dem Blindwiderstand $\omega C_2 = 1{,}26 \cdot 10^4$ s$^{-1} \cdot 0{,}8\,\mu$F $= 10$ mS finden wir die Leitwertmatrix

$$(\underline{Y}) = \begin{bmatrix} \dfrac{1}{\underline{Z}_1} + \dfrac{1}{\underline{Z}_2} & -\dfrac{1}{\underline{Z}_2} \\[2mm] -\dfrac{1}{\underline{Z}_2} & \dfrac{1}{\underline{Z}_2} + \dfrac{1}{\underline{Z}_3} \end{bmatrix} = \begin{bmatrix} \dfrac{1}{R} + j\omega C_2 & -j\omega C_2 \\[2mm] -j\omega C_2 & \dfrac{1}{R} + j\omega C_2 \end{bmatrix}$$

$$= \begin{bmatrix} 10 + j10 & -j10 \\ -j10 & 10 + j10 \end{bmatrix} \text{mS}$$

Das zweite Teilzweitor in Bild 66c ist ein T-Zweitor nach Bild 41 mit der Leitwertmatrix Gl. (124) (S. 70). Mit der Kreisfrequenz $\omega = 1{,}26 \cdot 10^4$ s^{-1}, dem Blindwiderstand $1/\omega C_1 = 1/1{,}26 \cdot 10^4$ s$^{-1} \cdot 1\,\mu$F $= 79{,}6\,\Omega$ und $\omega L_1 = 1{,}26 \cdot 10^4$ s$^{-1} \cdot 20$ mH $= 251\,\Omega$ lautet seine Leitwertmatrix

$$(\underline{Y}_T) = \frac{1}{\underline{Z}_1\underline{Z}_2 + \underline{Z}_1\underline{Z}_3 + \underline{Z}_2\underline{Z}_3} \begin{bmatrix} \underline{Z}_2 + \underline{Z}_3 & -\underline{Z}_2 \\ -\underline{Z}_2 & \underline{Z}_1 + \underline{Z}_2 \end{bmatrix}$$

$$= \frac{1}{2\dfrac{L}{C_1} - (\omega L_1)^2} \begin{bmatrix} j\omega L_1 + \dfrac{1}{j\omega C_1} & -\dfrac{1}{j\omega C_1} \\[2mm] -\dfrac{1}{j\omega C_1} & j\omega L_1 + \dfrac{1}{j\omega C_1} \end{bmatrix}$$

$$= \frac{1}{(40 \cdot 10^3 - 63 \cdot 10^3)\Omega^2} \begin{bmatrix} j251 - j79{,}6 & -j79{,}6 \\ -j79{,}6 & j251 - j79{,}6 \end{bmatrix}\Omega$$

$$= \begin{bmatrix} -j7{,}4 & -j3{,}5 \\ -j3{,}5 & -j7{,}4 \end{bmatrix} \text{mS}$$

Mit dem Gesetz über Parallelschaltung von Zweitoren in Gl. (80) (S. 49) finden wir die Leitwertmatrix des Gesamtzweitors

$$(\underline{Y}) = (\underline{Y}_\pi) + (\underline{Y}_T) = \begin{bmatrix} 10 + j2{,}6 & -j13{,}5 \\ -j13{,}5 & 10 + j2{,}6 \end{bmatrix} \text{mS}$$

Mit Gl. (178) (S. 99) können wir die Leitwerte der Ersatz-π-Schaltung in Bild 67 berechnen.

$$\underline{Y}_1 = \underline{Y}_{11} + \underline{Y}_{12} = (10 - j10,9) \text{ mS}$$
$$\underline{Y}_3 = \underline{Y}_{22} + \underline{Y}_{12} = (10 - j10,9) \text{ mS}$$
$$\underline{Y}_2 = -\underline{Y}_{12} = 13,5 \text{ mS}$$

Für die Betriebsfrequenz f = 2 kHz
lassen sich auch die Ersatzindukti-
vitäten und -kapazitäten angeben.
Mit der Kreisfrequenz $\omega = 1,26 \cdot 10^4$
s^{-1} finden wir aus $1/\omega L_1 = 1/\omega L_2 = 10$ mS die Ersatzinduk-
tivitäten

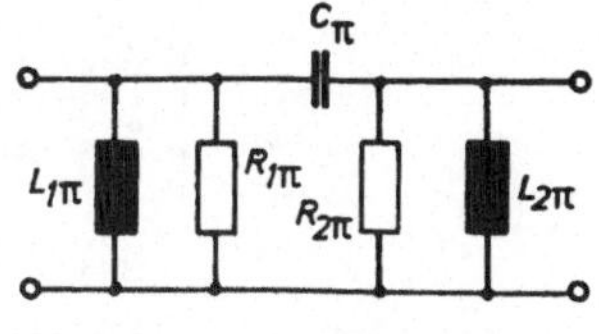

Bild 67 Ersatz-π-
Vierpol

$$L_{1\pi} = L_{2\pi} = 1/1,26 \cdot 10^4 \text{ s}^{-1} \cdot 10 \text{ mS} = 7,3 \text{ mH}$$

und aus $\omega C = 13,5$ mS die Ersatzkapazität

$$C_\pi = 13,5 \text{ mS}/1,26 \cdot 10^4 \text{ s}^{-1} = 1,07 \ \mu F$$

7.3. Ersatz-X-Zweitor

Man kann nicht für jedes Zweitor eine Ersatzschaltung nach
Bild 62 (T-Zweitor) oder Bild 63 (π-Zweitor) angeben. Diese
Ersatzzweitore gelten nur für eine
große und wichtige Gruppe von Zweitoren, bei denen die Klemmen 1' und
2' innerhalb des Zweitors kurzgeschlossen sind (Bild 68).

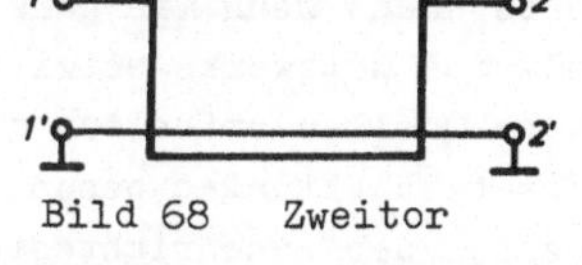

Bild 68 Zweitor

Diese Klemmen liegen in der Regel an Masse, sie haben das
Potential Null. Für Zweitore, bei denen diese Voraussetzung
nicht zutrifft, sind Ersatz-T- und -π-Schaltungen unbrauch-
bar. Für symmetrische Zweitore dieser Art kann man ersatzwei-
se eine symmetrische X-Schaltung nach Bild 69 angeben.

Geht man von der Widerstandsmatrix des zu ersetzenden Zweitors

$$(\underline{Z}) = \begin{bmatrix} \underline{Z}_{11} & \underline{Z}_{12} \\ \underline{Z}_{21} & \underline{Z}_{22} \end{bmatrix}$$

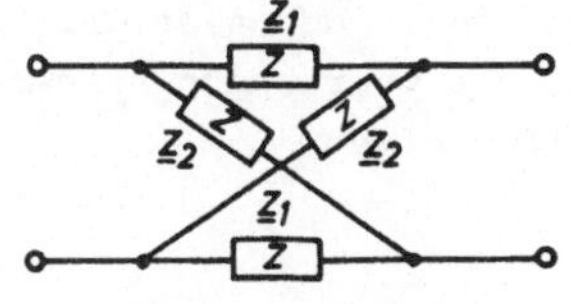

Bild 69 X-Zweitor

aus und vergleicht sie mit der
Widerstandsmatrix des symmetrischen Zweitors XIII (S. 76),

$$\begin{bmatrix} \underline{Z}_{11} & \underline{Z}_{12} \\ \underline{Z}_{21} & \underline{Z}_{22} \end{bmatrix} = \frac{1}{2}\begin{bmatrix} \underline{Z}_1 + \underline{Z}_3 & \underline{Z}_3 - \underline{Z}_1 \\ \underline{Z}_3 - \underline{Z}_1 & \underline{Z}_1 + \underline{Z}_3 \end{bmatrix}$$

und

$$\underline{Z}_{11} = \underline{Z}_{22} = (\underline{Z}_1 + \underline{Z}_3)/2$$

$$\underline{Z}_{12} = \underline{Z}_{21} = (\underline{Z}_3 - \underline{Z}_1)/2$$

so findet man die Widerstände der <u>Ersatz-X-Schaltung</u>

$$\underline{Z}_1 = \underline{Z}_{11} - \underline{Z}_{12}$$

$$\underline{Z}_3 = \underline{Z}_{11} + \underline{Z}_{12}$$

(180)

8. Gesteuerte Quellen

In Abschn. 7 wurden zu gegebenen Zweitoren bzw. Zweitormatrizen Ersatzzweitore ermittelt, deren besonders einfache Schaltungen vorausgesetzt wurden (T-, π - oder X-Zweitore). Wir fanden Bestimmungsgleichungen für die Widerstände bzw. Leitwerte dieser Ersatzzweitore. Grundsätzlich andere Ersatzschaltungen entstehen, wenn man ganz allgemein den Zweitorgleichungen genügende Netzwerke entwirft, die als Bauelemente auch elektrische Quellen enthalten dürfen - <u>gesteuerte Quellen</u>. Da diese Ersatzschaltungen besonders zur Beschreibung aktiver Bauelemente der Nachrichtentechnik wie <u>Transistoren</u> herangezogen werden, geben wir für die folgenden Betrachtungen die Einschränkung der Passivität von Zweitoren (s. Abschn. 2, S. 11) auf. Das bedeutet aber auch, daß für solche Zweitore der <u>Umkehrungssatz</u>, wie er in Gl. (53) bis (56) auf S. 34 formuliert wurde, <u>nicht</u> mehr gilt. Im Folgenden ist besonders zu beachten, daß also Gl. (53) und (55) nicht verwendet werden. Für die Übertragungsparameter der Leitwert- und Hybridmatrix gilt vielmehr

$$\underline{Y}_{12} \neq \underline{Y}_{21}$$

$$\underline{h}_{12} \neq -\underline{h}_{21}$$

8.1. Ersatzschaltung für die Leitwertform

Zur Leitwertform der Zweitorgleichungen

$$\underline{I}_1 = \underline{Y}_{11}\underline{U}_1 + \underline{Y}_{12}\underline{U}_2$$

$$\underline{I}_2 = \underline{Y}_{21}\underline{U}_1 + \underline{Y}_{22}\underline{U}_2$$

kann man mit dem Ohmschen Gesetz und der ersten Kirchhoff-schen Regel die Ersatzschaltung Bild 70 ableiten.

Der Eingangsstrom $\underline{I}_1$ teilt sich am Knoten A in die Ströme $\underline{Y}_{11}\underline{U}_1$ und $\underline{Y}_{12}\underline{U}_2$ auf. Der Teilstrom $\underline{Y}_{11}\underline{U}_1$ folgt aus dem Ohm-

Bild 70   Ersatzschaltung (Leitwertform)

schen Gesetz angewendet auf den Leitwert $\underline{Y}_{11}$. Für den zweiten Teilstrom $\underline{Y}_{12}\underline{U}_2$ muß man eine Stromquelle zugrunde legen. Mit dem Ausgangsstrom verfährt man ähnlich. Diese Ersatzschaltung für ein Zweitor, das durch seine Leitwertmatrix bzw. seine Leitwertgleichungen gegeben ist, besteht aus zwei galvanisch getrennten, voneinander unabhängigen Kreisen, dem Eingangs- und Ausgangskreis. Die Wirkung des jeweils anderen Kreises wird durch die Stromquellen ersetzt, deren Ströme von den Spannungen des anderen Kreises bestimmt werden - daher der Ausdruck gesteuerte Quellen.

Betriebsverhalten. Der Betriebszustand eines Zweitors wird durch das Modell Sender-Zweitor-Empfänger in Bild 2 (S. 10) dargestellt. Ersetzt man das Zweitor durch seine Ersatzschaltung aus Bild 70, so erhält man ein neues Betriebsmodell in Bild 71.

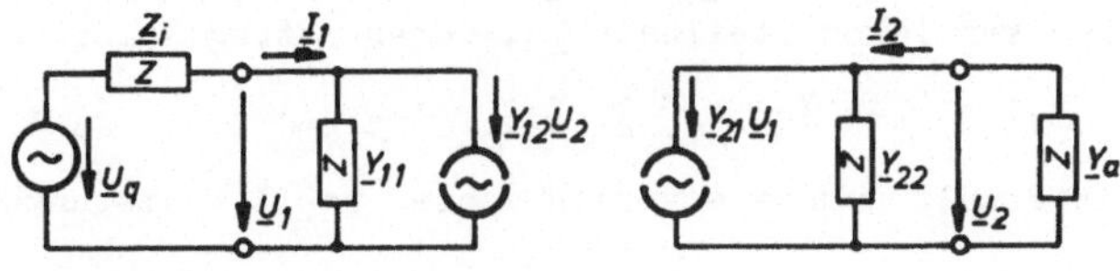

Bild 71   Betriebsmodell (Leitwertform)

Die wichtigsten Betriebsgrößen des Betriebsmodells in Bild 71 sind die Spannungs- und Leistungsverstärkung.

Spannungsverstärkung. Die Spannungsverstärkung ist das Verhältnis der Ausgangsspannung $\underline{U}_2$ zur Eingangsspannung $\underline{U}_1$. Sie wird anhand des Ausgangskreises in Bild 71 und aus der zweiten Leitwertgleichung

$$\underline{I}_2 = \underline{Y}_{21}\underline{U}_1 + \underline{Y}_{22}\underline{U}_2$$

berechnet. Mit $\underline{I}_2 = -\underline{Y}_a\underline{U}_2$ erhalten wir zunächst

$$-\underline{Y}_a\underline{U}_2 = \underline{Y}_{21}\underline{U}_1 + \underline{Y}_{22}\underline{U}_2$$

und schließlich die Spannungsverstärkung

$$\underline{v}_U = \frac{\underline{U}_2}{\underline{U}_1} = \frac{-\underline{Y}_{21}}{\underline{Y}_{22} + \underline{Y}_a} \tag{183}$$

Leistungsverstärkung. Die Leistungsverstärkung ist das Verhältnis der am Lastwiderstand $1/\underline{Y}_a$ verbrauchten Leistung $\underline{P}_2 = \underline{Y}_a\underline{U}_2^2$ zur am Eingang des Zweitors eingespeisten Leistung $\underline{P}_1 = \underline{Y}_1\underline{U}_1^2$ mit dem Eingangsleitwert $\underline{Y}_1$ nach Gl. (72) (S. 44). Unter Verwendung der Spannungsverstärkung in Gl. (183) findet man die Leistungsverstärkung

$$\underline{v}_P = \frac{\underline{P}_2}{\underline{P}_1} = \frac{\underline{Y}_a\underline{U}_2^2}{\underline{Y}_1\underline{U}_1^2} = \frac{\underline{Y}_a}{\underline{Y}_1}\,\underline{v}_U^2 \tag{184}$$

Dieses komplexe Leistungsverhältnis ist für grundsätzliche Abschätzungen des Leistungsumsatzes am Zweitor zu kompliziert und unübersichtlich. Um einen möglichst einfachen und übersichtlichen Ausdruck zu erhalten, rechnet man mit den Wirkanteilen der Leitwerte $\underline{Y}_{11}$ und $\underline{Y}_{22}$, legt einen reellen Last- und Eingangsleitwert $\underline{Y}_a$ und $\underline{Y}_1$ zugrunde und verwendet anstelle der komplexen Steilheit $\underline{Y}_{21}$ deren Betrag, also

$$\underline{Y}_{11} = G_{11}, \; \underline{Y}_{22} = G_{22}, \; \underline{Y}_{21} = Y_{21}, \; \underline{Y}_1 = G_1, \; \underline{Y}_a = G_a$$

Damit erhält man die vereinfachte, reelle Leistungsverstärkung

$$v_P = \frac{G_a}{G_1}\, v_U^2 = \frac{G_a}{G_1} \cdot \frac{Y_{21}^2}{(G_{22} + G_a)^2} \tag{185}$$

Für eingangs- und ausgangsseitige Leistungsanpassung mit G_1 = $1/R_i$ = G_i und G_{22} = G_a findet man schließlich die <u>optimale Leistungsverstärkung</u>

$$v_{opt} = \frac{Y_{21}^2}{4G_{11}G_{22}} \tag{186}$$

8.2. <u>Ersatzschaltung für die Hybridform</u>

Zur Hybridform der Zweitorgleichungen

$$\underline{U}_1 = \underline{h}_{11}\underline{I}_1 + \underline{h}_{12}\underline{U}_2$$

$$\underline{I}_2 = \underline{h}_{21}\underline{I}_1 + \underline{h}_{22}\underline{U}_2$$

kann man mit dem Ohmschen Gesetz und den Kirchhoffschen Regeln die Ersatzschaltung in Bild 72 ableiten. Die Eingangsspannung $\underline{U}_1$ setzt sich aus den Teilspannungen $\underline{h}_{11}\underline{I}_1$ und $\underline{h}_{12}\underline{U}_2$ zusammen. Die Spannung $\underline{h}_{11}\underline{I}_1$ folgt unmittelbar aus dem Ohmschen Gesetz angewendet auf den Wider

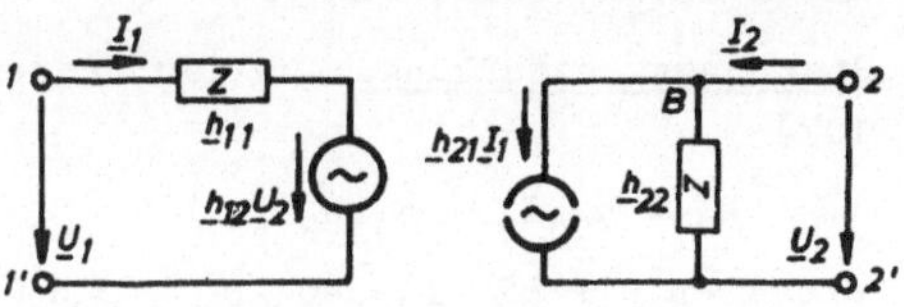

Bild 72   Ersatzschaltung

stand $\underline{h}_{11}$, die zweite Teilspannung muß durch eine Spannungsquelle dargestellt werden. Der Ausgangsstrom $\underline{I}_2$ teilt sich am Knoten B in die Teilströme $\underline{h}_{22}\underline{U}_2$ und $\underline{h}_{21}\underline{I}_1$. Der erste Teilstrom ergibt sich mit dem Ohmschen Gesetz, der zweite muß durch eine Stromquelle realisiert werden. Auch diese Ersatzschaltung besteht aus zwei galvanisch getrennten, voneinander unabhängigen Kreisen, dem Eingangs- und Ausgangskreis. Die <u>gesteuerten Quellen</u> bewirken die Steuerung des Ausgangsstroms durch den Eingangsstrom bzw. der Eingangsspannung durch die Ausgangsspannung.

<u>Betriebsverhalten.</u> Der Betriebszustand des durch die Ersatzschaltung in Bild 72 dargestellten Zweitors wird durch das

Modell Sender-Zweitor-Empfänger in Bild 73 wiedergegeben. Da
nun die Ersatzschaltung in Hybridform fast ausschließlich zu
Berechnungen von Transistoren bei niedrigen Frequenzen (s.
Abschn. 8, S. 111) verwendet wird, können wir schon an dieser Stelle wesentliche Vereinfachungen einführen: Die Hybridparameter können reell angenommen werden; Innenwiderstand der
Signalquelle und Lastwiderstand sind Wirkwiderstände; es wird
mit den reellen Effektivwerten von Strömen und Spannungen gerechnet.

Bild 73 Betriebsmodell (vereinfachte Hybridform)

Die wichtigsten Betriebsgrößen sind wiederum die Spannungs-
und Leistungsverstärkung.

<u>Spannungsverstärkung.</u> Aus der ersten Hybridgleichung (7) (S.
107)

$$U_1 = h_{11}I_1 + h_{12}U_2$$

erhalten wir mit $I_2 = -U_2/R_a = -U_2 G_a$ die Spannungsverstärkung

$$v_U = \frac{U_2}{U_1} = \frac{U_2}{h_{11}I_1 + h_{12}U_2} = \frac{1}{h_{11}\dfrac{I_1}{U_2} + h_{12}} = \frac{1}{-\dfrac{I_1}{I_2}\cdot\dfrac{h_{11}}{R_a} + h_{12}}$$

Aus der zweiten Hybridgleichung

$$I_2 = h_{21}I_1 + h_{22}U_2 = h_{21}I_1 - h_{22}R_a I_2$$

berechnen wir das Stromverhältnis

$$\frac{I_1}{I_2} = \frac{1 + h_{22}R_a}{h_{21}}$$

Eingesetzt in die Spannungsverstärkung findet man

$$v_U = U_2/U_1 = \frac{1}{-\dfrac{1 + h_{22}R_a}{h_{21}}\cdot\dfrac{h_{11}}{R_a} + h_{12}}$$

und mit der Determinante der Hybridmatrix

$$h = h_{11}h_{22} - h_{12}h_{21}$$

findet man schließlich die <u>Spannungsverstärkung</u>

$$v_U = \frac{U_2}{U_1} = \frac{-h_{21}R_a}{h_{11} + hR_a} \tag{187}$$

<u>Leistungsverstärkung.</u> Unter der Leistungsverstärkung versteht man wie in Abschn. 9.1 (S. 106) das Verhältnis aus der am Lastwiderstand verbrauchten zur am Zweitoreingang eingespeisten Leistung. Wir finden mit dem Eingangswiderstand des Zweitors nach Gl. (73) (S. 45)

$$\underline{Z}_1 = R_1 = h_{11} - \frac{h_{12}h_{21}R_a}{1 + h_{22}R_a} = \frac{h_{11} + hR_a}{1 + h_{22}R_a} \tag{188}$$

die <u>Leistungsverstärkung</u>

$$v_P = \frac{P_2}{P_1} = \frac{U_2^2 R_1}{U_1^2 R_a} = \frac{R_1}{R_a} v_U^2 \tag{189}$$

Um das Verstärkungsverhalten eines Zweitors prinzipiell abschätzen zu können, ermitteln wir auch hier die <u>optimale Leistungsverstärkung</u>. d.h. die Leistungsverstärkung bei angepaßtem Eingang und Ausgang. Mit den Anpassungsbedingungen $R_1 = R_i$ und $R_2 = R_a$ berechnen wir zunächst mit Gl. (188) den Eingangswiderstand

$$R_1 = \frac{h_{11} + hR_2}{1 + h_{22}R_2}$$

und mit Gl. (77) (S. 46) den Ausgangswiderstand des Zweitors

$$R_2 = \frac{1}{h}(h_{11} - \frac{h_{12}h_{21}R_1}{h + h_{22}R_1}) = \frac{h_{11} + R_1}{h + h_{22}R_1}$$

Um einige Zwischengrößen für die Berechnung der optimalen Leistungsverstärkung zu finden, formen wir die letzten beiden Gleichungen um

$$R_1 + R_1R_2h_{22} - h_{11} - hR_2 = 0$$

$$-R_1 + R_1R_2h_{22} - h_{11} + hR_2 = C$$

Durch Addition bzw. Subtraktion beider Gleichungen erhält man die Zwischengrößen

$$R_1 = hR_2 \qquad \text{bzw.} \quad h = R_1/R_2$$

$$R_1 R_2 h_{22} = h_{11} \quad \text{bzw.} \quad R_1 R_2 = h_{11}/h_{22}$$

und daraus schließlich

$$R_2^2 = h_{11}/h_{22}h$$

Setzt man nun die Spannungsverstärkung aus Gl. (187) in Gl. (189) ein und berücksichtigt die Zwischengrößen (s.o.), so findet man die <u>optimale Leistungsverstärkung</u>

$$v_{opt} = \frac{R_1}{R_2}\, v_U^2 = \frac{R_1}{R_2}\cdot\frac{h_{21}^2 R_2^2}{(h_{11} + hR_2)^2} = \frac{R_1 R_2 h_{21}^2}{h_{11}^2 + 2h_{11}hR_2 + h^2 R_2^2}$$

$$= \frac{\dfrac{h_{11}}{h_{22}}\, h_{21}^2}{h_{11}^2 + 2h_{11}h\sqrt{\dfrac{h_{11}}{h_{22}}\dfrac{1}{h}} + h\,\dfrac{h_{11}}{h_{22}}}$$

$$= \frac{h_{21}^2}{h_{11}h_{22} + 2\sqrt{h_{11}h_{22}h} + h}$$

$$v_{opt} = \left[\frac{h_{21}}{\sqrt{h_{11}h_{22}} + \sqrt{h}}\right]^2 \tag{190}$$

9. Der Transistor als Zweitor

Transistoren sind die gegenwärtig wohl am häufigsten eingesetzten aktiven Bauelemente der Nachrichtentechnik und Elektronik. Um Schaltungen mit Transistoren wie Verstärker übersichtlich und verhältnismäßig einfach entwerfen und berechnen zu können, faßt man den Transistor als Zweitor, als "schwarzen Kasten" auf und verwendet die einfachen Ersatzschaltungen aus Bild 70 bzw. 72 (S. 105, 107). Man geht nach Möglichkeit <u>nicht</u> von den recht komplizierten physikalischen

Ersatzschaltungen bzw. den physikalischen Vorgängen im Transistor aus. Um die Zweitortheorie zur Beschreibung von Transistoren heranziehen zu können, müssen allerdings einige Einschränkungen vereinbart werden, die sich auf Linearität und Passivität der Zweitore beziehen.

Linearität. Transistoren sind nichtlineare Bauelemente. Steuert man einen Transistor aber nur mit kleinen Strömen und Spannungen aus, so darf man ihn bei konstantem Arbeitspunkt als lineares Bauelement ansehen. Dann gelten wesentliche Teile der Zweitortheorie.
Die Anwendung der Zweitortheorie auf Transistoren und Schaltungen mit ihnen beschränkt sich auf Kleinsignalverstärker.

Passivität. Transistoren sind aktive Bauelemente, sie enthalten elektrische Quellen. Alle Zweitorsätze, welche die Passivität des Zweitors voraussetzen, sind auf Transistoren nicht anwendbar. Das gilt vor allem für den Umkehrungssatz in Gl. (53) bis (56) und alle Folgerungen daraus.

In Transistorschaltungen ist immer ein gewisser Schaltungsaufwand zur Einstellung und Stabilisierung des Arbeitspunkts notwendig. Dieser Teil der Schaltung wird zur besseren Übersicht in den Schaltbildern nicht immer dargestellt; wir arbeiten dann mit reinen Wechselstromschaltbildern.

9.1. Transistorgrundschaltungen und ihre Zweitorparameter

Ein Transistor kann in drei Grundschaltungen betrieben werden, die nach der gemeinsamen Elektrode von Ein- und Ausgangskreis Basis-, Emitter- und Kollektorschaltung genannt werden. Die in Bild 74 dargestellten Grundschaltungen sind reine Wechselstromschaltbilder, deren Ströme und Spannungen nach den oben genannten Voraussetzungen hinreichend klein gegen die Gleichspannungen und -ströme sind, die den Arbeitspunkt des Transistors bestimmen. Damit ist für die Transistorzweitore die Voraussetzung der Linearität gegeben.
Transistoren für die Niederfrequenztechnik beschreibt man mit Hybridparametern. Sie sind bis zu Frequenzen von 50 kHz reell.

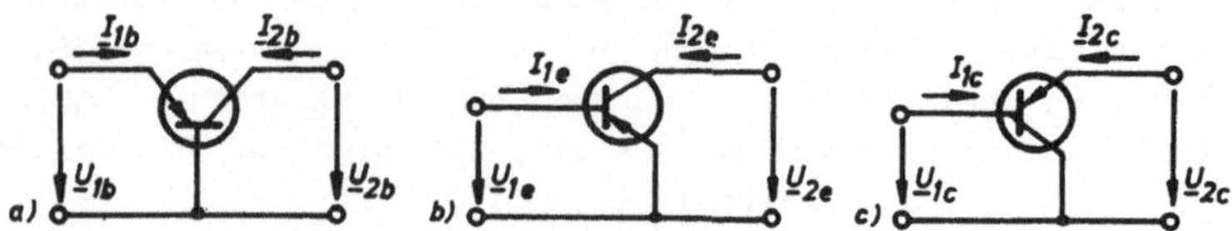

Bild 74   Transistorgrundschaltungen
a) Basisschaltung, b) Emitterschaltung, c) Kollektorschaltung

Transistoren für höhere Frequenzen werden mit Leitwertparametern beschrieben. Sie sind komplexe Größen, deren Abhängigkeiten von Frequenz und Arbeitspunkt durch Ortskurven dargestellt werden. Man findet die Zweitorparameter von Transistoren für die geeignete Grundschaltung, Betriebsfrequenz und Arbeitspunkt in den Datenblättern der Hersteller. Dabei werden die Leitwertparameter in einer auf den praktischen Gebrauch zugeschnittenen Form dargestellt. Die Eingangs- und Ausgangs-Kurzschlußleitwerte $\underline{Y}_{11}$ und $\underline{Y}_{22}$ werden in Komponentenform angegeben, wobei man statt der Blindleitwerte die entsprechenden Kapazitäten angibt.

$$\underline{Y}_{11} = G_{11} + jB_{11} = G_{11} + j\omega C_{11}$$
$$\underline{Y}_{22} = G_{22} + jB_{22} = G_{22} + j\omega C_{22} \tag{191}$$

Die Steilheit $\underline{Y}_{21}$ und den Rückwirkungsleitwert $\underline{Y}_{12}$ stellt man nach Betrag und Phase (exponentiell) dar

$$\underline{Y}_{12} = Y_{12}\, e^{j\varphi_{12}}, \qquad \underline{Y}_{21} = Y_{21}\, e^{j\varphi_{21}} \tag{192}$$

Beispiel 22: Zweitorparameter und Kenngrößen eines NF-Transistors.

Hybridparameter für Emitterschaltung im Arbeitspunkt $U_{CE} = 5\ V$, $I_C = 2\ mA$ bei der Meßfrequenz $f = 1\ kHz$

$$h_{11e} = 4{,}5\ k\Omega$$
$$h_{12e} = 2\cdot 10^{-4}$$
$$h_{21e} = 330$$
$$h_{22e} = 30\ \mu S$$

Die optimale Leistungsverstärkung berechnen wir mit Gl. (190) (S. 110). Mit der Determinante der Hybridmatrix

$$h = h_{11}h_{22} - h_{12}h_{21} = 4,5 \text{ k}\Omega \cdot 30 \text{ µS} - 2 \cdot 10^{-4} \cdot 330$$
$$= 6,9 \cdot 10^{-2}$$

finden wir $\sqrt{h} = 0,26$

Dann ermitteln wir zunächst

$$\sqrt{h_{11}h_{22}} = \sqrt{4,5 \text{ k}\Omega \cdot 30 \text{ µS}} = \sqrt{0,135} = 0,37$$

Damit ergibt sich die <u>optimale Leistungsverstärkung</u>

$$v_{opt} = \left[\frac{h_{21}}{\sqrt{h_{11}h_{22}} + \sqrt{h}}\right]^2 = \left[\frac{330}{0,37 + 0,26}\right]^2 = 1,7 \cdot 10^5$$
$$\triangleq 52 \text{ dB}$$

Eine einfache <u>RC-Verstärkerstufe</u> mit diesem Transistor nach Bild 75a kann mit dem Betriebsmodell aus Bild 73 (S. 108) in die Ersatzschaltung in Bild 75b umgewandelt werden. Dabei handelt es sich um eine reine Wechselstromschaltung (s.S. 111).

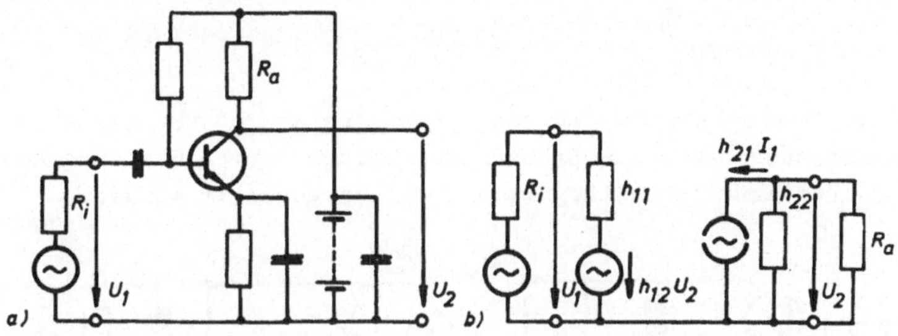

Bild 75   RC-Verstärker (a) und Ersatzschaltung (b)

Für einen Lastwiderstand $R_a = 2 \text{ k}\Omega$ erhalten wir mit Gl. (187) (S. 109) die Spannungsverstärkung

$$v_U = \frac{U_2}{U_1} = \frac{-h_{21}R_a}{h_{11} + hR_a} = \frac{-330 \cdot 2 \text{ k}\Omega}{4,5 \text{ k}\Omega + 6,9 \cdot 10^{-2} \cdot 2 \text{ k}\Omega} = -142$$
$$\triangleq 43 \text{ dB}$$

Für viele NF-Verstärkerstufen gilt $h_{11} \gg hR_a$, sodaß für die Spannungsverstärkung in Gl. (187) die einfache Näherung gilt

$$v_U \approx -\frac{h_{21}}{h_{11}} R_a \qquad\qquad (193)$$

Die Spannungsverstärkung der RC-Stufe in Bild 75 beträgt mit dieser Näherung

$$v_U \approx -\frac{330 \cdot 2 \text{ k}\Omega}{4,5 \text{ k}\Omega} = -147 \triangleq 43 \text{ dB}$$

<u>Beispiel 23:</u> Zweitorparameter und Kenngrößen eines HF-Transistors.

Leitwertparameter für Emitterschaltung im Arbeitspunkt U_{CE} = 10 V, I_C = 4 mA bei der Meßfrequenz f = 35 MHz

$$
\begin{array}{ll}
G_{11e} = 4,5 \text{ mS} & Y_{12e} = 47 \text{ μS} \\
C_{11e} = 40 \text{ pF} & \varphi_{12e} = 95^\circ \\
G_{22e} = 40 \text{ μS} & Y_{21e} = 105 \text{ mS} \\
C_{22e} = 1,3 \text{ pF} & \varphi_{21e} = 20^\circ
\end{array}
$$

Die optimale Leistungsverstärkung beträgt mit Gl. (186) (S. 107)

$$v_{opt} = \frac{Y_{21}^2}{4 G_{11} G_{22}} = \frac{105^2 \text{ mS}^2}{4 \cdot 4,5 \text{ mS} \cdot 40 \text{ μS}} = 1,5 \cdot 10^4 \triangleq 42 \text{ dB}$$

Eine neutralisierte <u>Resonanzverstärkerstufe</u> mit diesem HF-Transistor nach Bild 76a kann vereinfacht durch die ausgangsseitige Ersatzschaltung (s.S. 105) dargestellt werden.

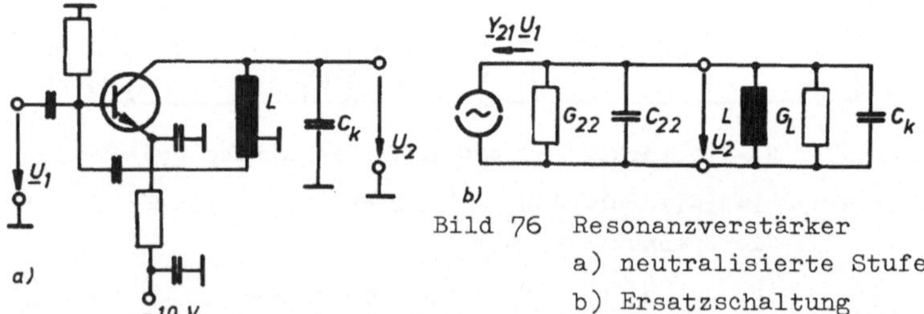

Bild 76 Resonanzverstärker
a) neutralisierte Stufe
b) Ersatzschaltung

Für diesen Verstärker soll nun die Spannungsverstärkung bei der Resonanzfrequenz des Schwingkreises berechnet werden. Die Kreiskapazität beträgt C_k = 33 pF, die verlustbehaftete

Spule hat eine Güte $Q_L = 40$, die Resonanzfrequenz soll $f_o = 35$ MHz betragen.

Bei der Resonanzfrequenz des Schwingkreises vereinfacht sich die Ersatzschaltung aus Bild 76 wesentlich, da sich die imaginären Leitwerte von Kreisinduktivität und -kapazität aufheben (Bild 77). Dabei ist zu beachten, daß die wirksame Kreiskapazität $C_{ges} = C_k + C_{22}$ ist. Der wirksame Lastleitwert bei der Resonanzfrequenz ist daher allein der Verlustleitwert G_L der Spule. Mit der

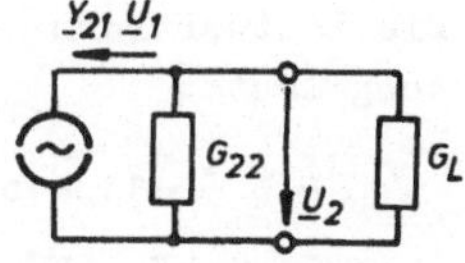

Bild 77 Ersatz-
schaltung

Kreisfrequenz $\omega_o = 2\pi f_o = 2\pi \cdot 35$ MHz $= 2,2 \cdot 10^8$ s^{-1} und dem Resonanzblindleitwert $\omega_o C_{ges} = 2,2 \cdot 10^8$ s$^{-1} \cdot 34,3$ pF $= 7,5$ mS findet man den Resonanzleitwert des Parallelschwingkreises

$$G_L = \omega_o C_{ges}/Q_L = 7,5 \text{ mS}/40 = 0,19 \text{ mS}$$

Mit Gl. (183) (S. 106) finden wir jetzt den Betrag der Spannungsverstärkung

$$\underline{v}_U = \frac{-\underline{Y}_{21}}{\underline{Y}_{22} + \underline{Y}_a} \qquad v_U = \frac{Y_{21}}{G_{22} + G_L} = \frac{105 \text{ mS}}{230 \text{ μS}} = 457 \triangleq 53 \text{ dB}$$

9.2. Umrechnung der Zweitorparameter

Die Zweitorparameter eines Transistors sind meistens nur für eine Grundschaltung angegeben. Da es sich bei den drei Grundschaltungen um Schaltungen mit ein und demselben Transistor handelt, müssen sich die Zweitormatrizen der beiden anderen Grundschaltungen aus der gegebenen Matrix berechnen lassen. An dieser Stelle soll der wichtigste Umrechnungsfall abgeleitet werden, die Umrechnung der Emitter- in Basisparameter bzw. der Basis- in Emitterparameter.

Umrechnung der Basis- in Emitterparameter. Durch Vergleich der Spannungen in Bild 74a und 74b (S.112) finden wir

$$\underline{U}_{1e} = -\underline{U}_{1b}$$

$$\underline{U}_{2e} = -\underline{U}_{1b} + \underline{U}_{2b} \quad \text{bzw.} \quad \underline{U}_{2b} = \underline{U}_{2e} - \underline{U}_{1e} \tag{194}$$

und durch Vergleich der Ströme

$$\underline{I}_{1e} = -\underline{I}_{1b} - \underline{I}_{2b}$$

$$\underline{I}_{2e} = \underline{I}_{2b} \quad \text{bzw.} \quad \underline{I}_{1b} = -\underline{I}_{1e} - \underline{I}_{2e} \tag{195}$$

Die Leitwertform der Zweitorgleichungen für die Basisschaltung lautet

$$\underline{I}_{1b} = \underline{Y}_{11b}\underline{U}_{1b} + \underline{Y}_{12b}\underline{U}_{2b}$$

$$\underline{I}_{2b} = \underline{Y}_{21b}\underline{U}_{1b} + \underline{Y}_{22b}\underline{U}_{2b}$$

Setzt man diese beiden Gleichungen in die Stromgleichungen (195) ein, so findet man den Emittereingangsstrom

$$\underline{I}_{1e} = -(\underline{Y}_{11b} + \underline{Y}_{21b})\underline{U}_{1b} - (\underline{Y}_{12b} + \underline{Y}_{22b})\underline{U}_{2b}$$

und mit Gl. (194)

$$\underline{I}_{1e} = (\underline{Y}_{11b} + \underline{Y}_{21b})\underline{U}_{1e} - (\underline{Y}_{12b} + \underline{Y}_{22b})(\underline{U}_{2e} - \underline{U}_{1e})$$

$$= (\underline{Y}_{11b} + \underline{Y}_{12b} + \underline{Y}_{21b} + \underline{Y}_{22b})\underline{U}_{1e}$$

$$- (\underline{Y}_{12b} + \underline{Y}_{22b})\underline{U}_{2e} \tag{196}$$

sowie den Emitterausgangsstrom

$$\underline{I}_{2e} = -\underline{Y}_{21b}\underline{U}_{1e} + \underline{Y}_{22b}(\underline{U}_{2e} - \underline{U}_{1e})$$

$$= -(\underline{Y}_{21b} + \underline{Y}_{22b})\underline{U}_{1e} + \underline{Y}_{22b}\underline{U}_{2e} \tag{197}$$

Gl. (196) und (197) sind aber nichts anderes als die Zweitorgleichungen für die Emitterschaltung in Leitwertform, zusammengefaßt in Matrizenschreibweise

$$\begin{bmatrix} \underline{Y}_{11e} & \underline{Y}_{12e} \\ \underline{Y}_{21e} & \underline{Y}_{22e} \end{bmatrix} = \begin{bmatrix} \underline{Y}_{11b} + \underline{Y}_{12b} + \underline{Y}_{21b} + \underline{Y}_{22b} & -(\underline{Y}_{12b} + \underline{Y}_{22b}) \\ -(\underline{Y}_{21b} + \underline{Y}_{22b}) & \underline{Y}_{22b} \end{bmatrix}$$

$$\tag{198}$$

Die Leitwertparameter der Emitterschaltung sind darin ausgedrückt durch Leitwertparameter der Basisschaltung.

<u>Umrechnung der Emitter- in Basisparameter.</u> Um aus gegebenen
Emitterparametern Basisparameter zu berechnen, schreiben wir
Gl. (198) ausführlich

$$\underline{Y}_{11e} = \underline{Y}_{11b} + \underline{Y}_{12b} + \underline{Y}_{21b} + \underline{Y}_{22b}$$
$$\underline{Y}_{12e} = -(\underline{Y}_{12b} + \underline{Y}_{22b})$$
$$\underline{Y}_{21e} = -(\underline{Y}_{21b} + \underline{Y}_{22b})$$
$$\underline{Y}_{22e} = \underline{Y}_{22b}$$

$$(198)$$

und erhalten ein lineares Gleichungssystem aus vier Gleichungen zur Bestimmung der unbekannten vier Parameter $\underline{Y}_{mnb}$. Ausgehend von der letzten, einfachsten Gleichung finden wir

$$\underline{Y}_{11b} = \underline{Y}_{11e} + \underline{Y}_{12e} + \underline{Y}_{21e} + \underline{Y}_{22e}$$
$$\underline{Y}_{12b} = -(\underline{Y}_{12e} + \underline{Y}_{22e})$$
$$\underline{Y}_{21b} = -(\underline{Y}_{21e} + \underline{Y}_{22e})$$
$$\underline{Y}_{22b} = \underline{Y}_{22e}$$

$$(199)$$

Wir erkennen, daß Gl. (198) und (199) formal übereinstimmen,
die Umrechnung der Basis- in Emitterparameter und umgekehrt
ist reziprok, Index b muß nur mit Index e vertauscht werden.
Die für die Praxis wichtigsten Umrechnungsgleichungen, die
Bestimmung der Basis- und Kollektorparameter aus gegebenen
Emitterparametern, sind in Tafel 7 (S. 118) zusammengefaßt.

<u>**Tafel 7**</u> Bestimmung der Basis- und Kollektorparameter aus Emitterparametern

$$\begin{bmatrix} \underline{Y}_{11b} & \underline{Y}_{12b} \\ \underline{Y}_{21b} & \underline{Y}_{22b} \end{bmatrix} = \begin{bmatrix} \underline{Y}_{11e} + \underline{Y}_{12e} + \underline{Y}_{21e} + \underline{Y}_{22e} & -(\underline{Y}_{12e} + \underline{Y}_{22e}) \\ -(\underline{Y}_{21e} + \underline{Y}_{22e}) & \underline{Y}_{22e} \end{bmatrix} \tag{199}$$

$$\begin{bmatrix} \underline{Y}_{11c} & \underline{Y}_{12c} \\ \underline{Y}_{21c} & \underline{Y}_{22c} \end{bmatrix} = \begin{bmatrix} \underline{Y}_{11e} & -(\underline{Y}_{11e} + \underline{Y}_{12e}) \\ -(\underline{Y}_{11e} + \underline{Y}_{21e}) & \underline{Y}_{11e} + \underline{Y}_{12e} + \underline{Y}_{12e} + \underline{Y}_{22e} \end{bmatrix} \tag{200}$$

$$\begin{bmatrix} \underline{h}_{11b} & \underline{h}_{12b} \\ \underline{h}_{21b} & \underline{h}_{22b} \end{bmatrix} = \frac{1}{1 + \underline{h}_{21e}} \begin{bmatrix} \underline{h}_{11e} & \underline{h}_{e} - \underline{h}_{12e} \\ -\underline{h}_{21e} & \underline{h}_{22e} \end{bmatrix} \tag{201}$$

$$\begin{bmatrix} \underline{h}_{11c} & \underline{h}_{12c} \\ \underline{h}_{21c} & \underline{h}_{22c} \end{bmatrix} = \begin{bmatrix} \underline{h}_{11e} & 1 - \underline{h}_{12e} \\ -(1 + \underline{h}_{21e}) & \underline{h}_{22e} \end{bmatrix} \tag{202}$$

10. Wellenbeschreibung des Zweitors

Die bisher dargestellten Abschnitte der Zweitortheorie beruhen ihre praktische Anwendbarkeit betreffend auf einer wesentlichen Voraussetzung: der <u>Meßbarkeit</u> von Strömen und Spannungen an den Toren des betrachteten Zweitors. Sind die Tore als Klemmenpaare ausgeführt und ist die Betriebsfrequenz hinreichend niedrig, so lassen sich Ströme und Spannungen grundsätzlich messen. Anders ausgedrückt, ist die Wellenlänge der Betriebsfrequenz groß gegen die geometrischen Abmessungen der Bauelemente und Leitungen des Zweitors, so sind räumliche Verteilungen von Strömen und Spannungen im Sinne der Leitungstheorie vernachlässigbar, die Definition der Meßebenen der Tore ist problemlos. Der auf Strom- und Spannungsmessungen beruhende Teil der Zweitortheorie ("Vierpoltheorie") in Abschn. 1...9 läßt sich erfolgreich einsetzen.

Liegt dagegen die Wellenlänge der Betriebsfrequenz des Zweitors in der Größenordnung der räumlichen Abmessungen der Bauelemente und Leitungen des Zweitors, so gehorchen Ströme und Spannungen bestimmten ortsabhängigen Verteilungsfunktionen der Leitungstheorie ("stehende Wellen"). Es wird meßtechnisch problematisch, Ströme und Spannungen zu messen und die Meßebenen zu definieren. Leitungen innerhalb und außerhalb des Zweitores werden bei höheren Frequenzen in Koaxial-, Hohlleiter- oder Microstrip-Technik ausgeführt, sodaß konventionelle Strom- und Spannungsmessungen nicht möglich sind. Meßtechnisch zugänglich sind allein ein- und auslaufende Wellengrößen, die über elektrische und magnetische Transversalfeldstärken der Leitungen gemessen werden können. In der Höchstfrequenzmeßtechnik verwendet man dazu sog. Richtkoppler, das sind Leitungsbauelemente, mit denen man ein- bzw. auslaufende Wellengrößen als Spannungen messen kann. Man erkennt, daß die traditionelle "Vierpoltheorie" auf solche Zweitore nicht ohne weiteres anwendbar ist. Ströme und Spannungen werden durch ein- bzw. auslaufende Wellen ersetzt, anstelle von einfachen Klemmenpaaren treten Leitungskupplungen.

Die Zweitortheorie in den vorangegangenen Abschnitten 1...19
wurde am einfachen Modell Sender-Zweitor-Empfänger (Bild 2,
S. 10) bzw. an der Zweitordarstellung in Bild 3 (S. 11) mit
Hilfe elementarer elektrischer Gesetze (Überlagerungssatz,
Ohmsches Gesetz, Kirchhoffsche Regeln) entwickelt. Im Folgenden wird nun gezeigt, wie man auch die Wellenbeschreibung des
Zweitors zunächst ohne Anwendung der Leitungstheorie mit ele-
mentaren elektrischen Gesetzen herleiten kann. Die konventionelle "Vierpoltheorie" läßt sich in die Wellendarstellung des
Zweitors überführen und umgekehrt. Ergänzend muß freilich an-
gemerkt werden, daß die richtige Anwendung der Wellenform der
Zweitortheorie entsprechende Kenntnisse der Höchstfrequenztechnik bzw. der Leitungstheorie voraussetzt. Dann aber ist
sie ein gutes Werkzeug zur Berechnung und Dimensionierung von
Schaltungen für hohe Frequenzen.

10.1. Wellenbeschreibung des einfachen Stromkreises (I)

Besonders einfach und anschaulich läßt sich das Wellenmodell
für den einfachen Gleichstromkreis (Bild 78) darstellen. Für
ihn gelten die bekannten Beziehungen (203) bis (206). Im Fall
der Leistungsanpassung $R_a = R_i$ gibt die Quelle die größte Leistung an den Lastwiderstand R_a ab, die verfügbare Leistung P_v
Gl. (205). Bei Fehlanpassung $R_a \neq R_i$ ist die an den Lastwiderstand R_a abgegebene Leistung P_a immer kleiner als die verfügbare Leistung, Gl. (206) und Diagramm Bild 79 (S. 121).

$$U = U_o \frac{R_a}{R_a + R_i} \tag{203}$$

$$I = U_o/(R_a + R_i) \tag{204}$$

$$P_v = U_o^2/4R_i \tag{205}$$

$$P_a = UI = P_v \frac{4R_a R_i}{(R_a + R_i)^2} \tag{206}$$

Bild 78 Gleichstromkreis

Die elektrischen Vorgänge am Stromkreis Bild 78 ausgedrückt durch Gl. (203) bis (206) lassen sich nun durch ein ungewohntes <u>Modell</u> darstellen: Danach speist eine elektrische Quelle unabhängig vom Anpassungsgrad immer die verfügbare Leistung P_v in den Lastwiderstand R_a ein, der jedoch nach dem Grad der Fehlanpassung einen Teil in die Quelle zurückspeist (reflektiert). Für diese reflektierte Leistung P_r gilt mit Gl. (203) bis (206)

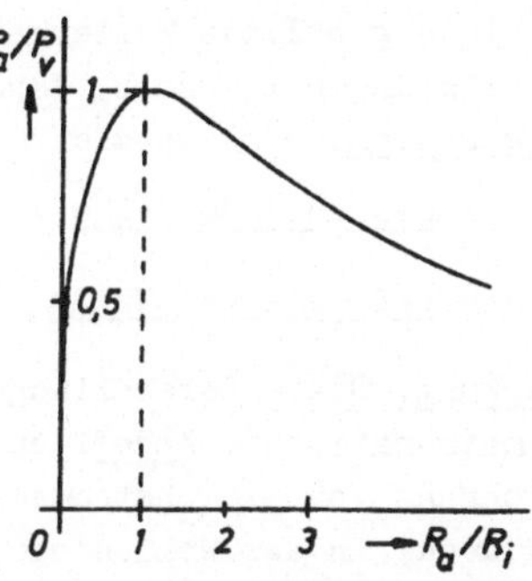

Bild 79 Leistungsverlauf an R_a

$$P_r = P_v - P_a = P_v \left[1 - \frac{4R_a R_i}{(R_a + R_i)^2} \right]$$

$$= P_v \left[\frac{R_a - R_i}{R_a + R_i} \right]^2$$

Normiert man den Lastwiderstand R_a auf den Innenwiderstand R_i

$$R_a' = R_a / R_i \tag{207}$$

und führt zur Abkürzung den sog. Reflektionsfaktor r ein,

$$r = \frac{R_a - R_i}{R_a + R_i} = \frac{R_a' - 1}{R_a' + 1} \tag{208}$$

so erhält man für die reflektierte Leistung P_r bzw. für die am Lastwiderstand R_a verbrauchte Leistung P_a

$$P_r = r^2 P_v \tag{209}$$

$$P_a = P_v (1 - r^2) \tag{210}$$

Für die eigentliche Wellenbeschreibung verwendet man anstelle der Leistungen P_v und P_r deren Wurzelausdrücke, die sog. __Leistungswellen__, nämlich die

$$\text{hinlaufende Welle} \quad M = \sqrt{P_v} \tag{211}$$

und die __reflektierte Welle__ $\quad N = \sqrt{P_r} = r\,M \tag{212}$

__Anmerkung:__ Diese Darstellungsweise des Gleichstromkreises ist ein mathematisches __Modell__ und dient üblicherweise __nicht__ zur Berechnung von Gleichstromnetzen. Dieses Modell dient nur zur Einführung in das Wellenmodell im Folgenden.

In Tafel 8 sind alle Beziehungen zum einfachen Gleichstromkreis zusammengefaßt. Alle Gleichungen sind leicht zu verifizieren.

__Tafel 8__ Wellenmodell (I)

Verfügbare Leistung $\qquad P_v = U_o^2/4R_i \tag{205}$

Hinlaufende Welle $\qquad M = \sqrt{P_v} \tag{211}$

Reflektierte Welle $\qquad N = r\,M \tag{212}$

Normierter Lastwiderstand $R_a' = R_a/R_i \tag{207}$

Reflektionsfaktor $\qquad r = \dfrac{N}{M} = \dfrac{R_a' - 1}{R_a' + 1} \tag{208}$

Spannung an $R_a \qquad U = U_o R_a/(R_a + R_i) \tag{203}$

$$U = M\sqrt{R_i}\,(1 + r) = \sqrt{R_i}\,(M + N) \tag{213}$$

Strom durch $R_a \qquad I = U_o/(R_a + R_i) \tag{204}$

$$I = \dfrac{M}{\sqrt{R_i}}(1 - r) = \dfrac{1}{\sqrt{R_i}}(M - N) \tag{214}$$

Leistung an $R_a \qquad P_a = UI = M^2 - N^2 = M^2(1 - r^2) \tag{215}$

<u>Beispiel 24</u>: Berechnung der Wellengrößen für einen Gleich-
stromkreis nach Bild 78 (S. 120) mit der Leerlaufspannung
U_o = 100 V und den Widerständen R_i = 1Ω und R_a = 4Ω .

$$P_v = U_o^2/4R_i = 10^4 V^2/4\Omega = 2500 \text{ W}$$

$$M = \sqrt{P_v} = 50 \sqrt{W}$$

$$R_a' = R_a/R_i = 4$$

$$r = \frac{R_a' - 1}{R_a' + 1} = 3/5 = 0,6$$

$$N = rM = 0,6 \cdot 50 \sqrt{W} = 30 \sqrt{W}$$

$$P_a = M^2 - N^2 = 2500 \text{ W} - 900 \text{ W} = 1600 \text{ W}$$

$$U = \sqrt{R_i}(M + N) = \sqrt{1\Omega}(50 + 30)\sqrt{W} = 80 \text{ V}$$

$$I = \frac{1}{\sqrt{R_i}}(M - N) = \frac{1}{\sqrt{1\Omega}}(50 - 30)\sqrt{W} = 20 \text{ A}$$

$$P_a = UI = 1600 \text{ W}$$

10.2. <u>Wellenbeschreibung des einfachen Stromkreises (II)</u>

Die in Abschn. 10.1 entwickelte Methode der Wellenbeschreibung des einfachen Gleichstromkreises kann man auf den einfachen Wechselstromkreis (Bild 79a) übertragen, indem man die
Beziehungen in Tafel 8 kom-
plex schreibt. Vereinfachend
für diese Einführung und auch
der Praxis entsprechend rech-
nen wir nur mit reellen Gene-
ratorinnenwiderständen $Z_i = R_i$,
ebenso wird die Leerlaufspannung U_o reell angenommen.

Für das Wellenmodell benut-
zen wir ein Ersatzschaltbild
(Bild 79b).

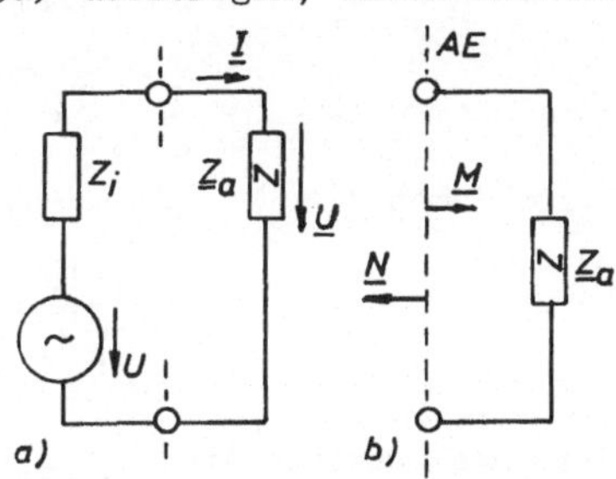

Bild 79 Wechselstromkreis

a) konventionell

b) Wellenmodell

AE - Anschlußebene

Anmerkung: Die Wellenbeschreibung des Gleichstromkreises führt auf ein fiktives Modell. Die Wellenbeschreibung des Wechselstromkreises ist für niedrige Frequenzen ebenfalls ungeeignet, bei hohen Frequenzen hingegen ist sie außerordentlich nützlich und beschreibt exakt die physikalischen Gegebenheiten übereinstimmend mit der Leistungstheorie.

In Tafel 9 sind die Beziehungen des einfachen Wechselstromkreises zusammengefaßt. Auch diese Gleichungen sind leicht zu verifizieren.

<u>Tafel 9</u> Wellenmodell (II)

Verfügbare Wirkleistung $\qquad P_v = U_o^2/4R_i$ $\qquad\qquad$ (205)

Hinlaufende Welle $\qquad \underline{M} = \sqrt{P_v}$ $\qquad\qquad$ (216)

Reflektierte Welle $\qquad \underline{N} = \underline{r}\,\underline{M}$ $\qquad\qquad$ (217)

Normierter Lastwiderstand $\qquad \underline{Z}_a' = \underline{Z}_a/R_i$ $\qquad\qquad$ (218)

Reflektionsfaktor $\qquad \underline{r} = \underline{N}/\underline{M} = \dfrac{\underline{Z}_a' - 1}{\underline{Z}_a' + 1}$ $\qquad$ (219)

Spannung an $\underline{Z}_a$

$$\underline{U} = U_o\underline{Z}_a/(\underline{Z}_a + \underline{Z}_i)$$

$$\underline{U} = \underline{M}\sqrt{\underline{Z}_i}\,(1 + \underline{r}) = \sqrt{\underline{Z}_i}\,(\underline{M} + \underline{N}) \qquad (220)$$

Strom durch $\underline{Z}_a$

$$\underline{I} = U_o/(\underline{Z}_a + \underline{Z}_i)$$

$$\underline{I} = \frac{\underline{M}}{\sqrt{\underline{Z}_i}}(1 - \underline{r}) = \frac{1}{\sqrt{\underline{Z}_i}}(\underline{M} - \underline{N}) \qquad (221)$$

Komplexe Scheinleistung an $\underline{Z}_a$

$$\underline{S}_a = \underline{U}\,\underline{I}^* = P_v(1 + \underline{r})(1 - \underline{r}^*) \qquad (222)$$

Beispiel 25: Berechnung der Wellengrößen für einen Wechselstromkreis nach Bild 79 mit der Leerlaufspannung $U_o = 100$ V und den Widerständen $Z_i = 1\Omega$ und $\underline{Z}_a = (5 + j2)\Omega$.

$$P_v = U_o^2/4Z_i = 10^4\,V^2/4\Omega = 2500\ W$$

$$M = \sqrt{P_v} = 50\,\sqrt{W}$$

$$\underline{Z}_a' = \underline{Z}_a/Z_i = 5 + j2$$

$$\underline{r} = \frac{\underline{Z}_a' - 1}{\underline{Z}_a' + 1} = \frac{4 + j2}{6 + j2} = 0,7 + j0,1$$

$$\underline{N} = \underline{r}\,\underline{M} = (0,7 + j0,1)50\,\sqrt{VA} = (35 + j5)\sqrt{VA}$$

$$\underline{S}_a = P_v(1 + \underline{r})(1 - \underline{r}^*)$$
$$= 2500(1,7 + j0,1)(0,3 + j0,1)\ VA = 1250\,W + j500\ var$$

$$U = \sqrt{Z_i}(\underline{M} + \underline{N}) = \sqrt{1\Omega}\,(50 + 35 + j5)\sqrt{VA} = (85 + j5)\ V$$

$$I = \frac{1}{\sqrt{Z_i}}(\underline{M} - \underline{N}) = \frac{1}{\sqrt{1\Omega}}\,(50 - 35 - j5)\sqrt{VA} = (15 - j5)\ A$$

10.3. Wellenbeschreibung des Zweitors

Das Wellenmodell läßt sich auch auf Zweitore anwenden. Dazu beschreibt man den Eingangs- und Ausgangskreis des Zweitors nach Bild 80 entsprechend Abschn. 10.2 mit dem Wellenmodell. Anstelle der Ströme und Spannungen treten jetzt hinlaufende und reflektierte Wellen (Bild 80). Die ursprünglichen Klemmenpaare (Bild 80a) werden durch Leitungskupplungen in der Eingangsanschlußebene AE_1 und der Ausgangsanschlußebene AE_2 realisiert.

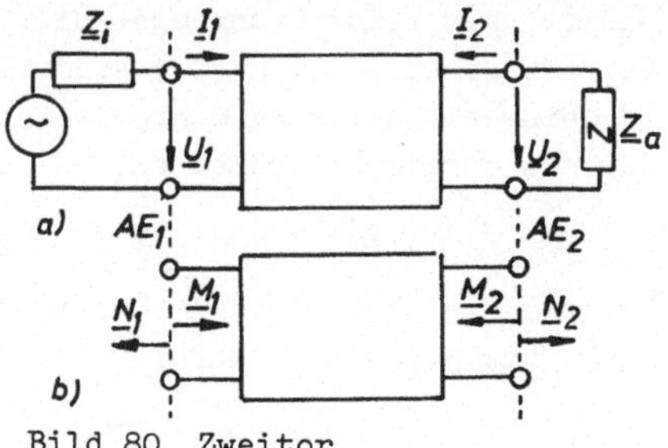

Bild 80   Zweitor
a) als konvent. "Vierpol"
b) als Wellenmodell

Zur Umrechnung eines konventionellen Zweitorgleichungspaares aus Tafel 1 (S. 13) in die Wellenbeschreibung des Zweitors eignet sich die Kettenform (5) der Zweitorgleichungen.

$$\underline{U}_1 = \underline{A}_{11}\underline{U}_2 + \underline{A}_{12}\underline{I}_2'$$
$$\underline{I}_1 = \underline{A}_{21}\underline{U}_2 + \underline{A}_{22}\underline{I}_2' \tag{5}$$

In Tafel 9 (S. 124), Gl. (218) erfolgte die Normierung des Lastwiderstandes auf den Quellenwiderstand Z_i, bei der Wellenbeschreibung des Zweitors wird zur Normierung ein zunächst allgemeiner Bezugswiderstand Z_o gewählt, dem später eine bestimmte technische Bedeutung zugeordnet wird (meist der Wellenwiderstand des untersuchten Systems). Mit diesem Bezugswiderstand Z_o wird nun Gl. (5) wie folgt verändert.

$$\frac{\underline{U}_1}{\sqrt{Z_o}} = \underline{A}_{11}\frac{\underline{U}_2}{\sqrt{Z_o}} + \frac{\underline{A}_{12}}{Z_o}\underline{I}_2'\sqrt{Z_o}$$

$$\underline{I}_1\sqrt{Z_o} = \underline{A}_{21}Z_o\frac{\underline{U}_2}{\sqrt{Z_o}} + \underline{A}_{22}\underline{I}_2'\sqrt{Z_o} \tag{223}$$

Darin sind jetzt die auf den Bezugswiderstand Z_o bzw. den Bezugsleitwert $Y_o = 1/Z_o$ normierten Kettenparameter

$$\underline{A}_{12}' = \underline{A}_{12}/Z_o \quad \text{und} \quad \underline{A}_{21}' = \underline{A}_{21}Z_o \tag{224}$$

enthalten. Die Kettenparameter $\underline{A}_{11}$ und $\underline{A}_{22}$ erscheinen unverändert. Als reine Spannungs- bzw. Stromverhältnisse (Tafel 9, Gl. (29) bzw. (32), S. 22) sind sie normierungsunabhängig. Für eine einheitliche Schreibweise setzt man willkürlich auch für sie normierte Größen an.

$$\underline{A}_{11}' = \underline{A}_{11} \quad \text{und} \quad \underline{A}_{22}' = \underline{A}_{22} \tag{225}$$

Für die Spannungen und Ströme in Gl. (223) erhält man mit Gl. (220) bzw. (221) aus Tafel 9 (S. 124) für das Eingangstor

$$\underline{U}_1/\sqrt{Z_o} = \underline{M}_1 + \underline{N}_1$$
$$\underline{I}_1\sqrt{Z_o} = \underline{M}_1 - \underline{N}_1 \tag{226}$$

und für das Ausgangstor mit $\underline{I}_2 = -\underline{I}_2'$ (s. Bild 3, S. 11)

$$\underline{U}_2/\sqrt{Z_o} = \underline{M}_2 + \underline{N}_2$$
$$\underline{I}_2\sqrt{Z_o} = \underline{M}_2 - \underline{N}_2 \tag{227}$$

Setzt man nun Gl. (224) bis (227) in die modifizierte Kettenform Gl. (223) ein, so findet man ein erstes Zweitorgleichungspaar in Wellenform (228).

$$\underline{M}_1 + \underline{N}_1 = \underline{A}_{11}'(\underline{M}_2 + \underline{N}_2) - \underline{A}_{12}'(\underline{M}_2 - \underline{N}_2)$$
$$\underline{M}_1 - \underline{N}_1 = \underline{A}_{21}'(\underline{M}_2 + \underline{N}_2) - \underline{A}_{22}'(\underline{M}_2 - \underline{N}_2) \tag{228}$$

Aus der Kettenform der Zweitorgleichungen (5) wurde also ein Zweitorgleichungspaar mit Wellengrößen (228) entwickelt, in dem anstelle von Strömen und Spannungen hin- und rücklaufende (reflektierte) Wellen erscheinen. Die ursprünglichen Kettenparameter wandeln sich zu auf den Bezugswiderstand Z_o normierten Kettenparametern.

11. Streuform der Zweitorgleichungen

Für die Nachrichtentechnik ist eine Darstellungsform der Wellenbeschreibung von Zweitoren besonders wichtig, weil sich ihre Parameter mit den Mitteln der Höchstfrequenzmeßtechnik verhältnismäßig leicht messen lassen: die <u>Streuform</u> der Zweitorgleichungen

$$\underline{N}_1 = \underline{S}_{11}\underline{M}_1 + \underline{S}_{12}\underline{M}_2$$
$$\underline{N}_2 = \underline{S}_{21}\underline{M}_1 + \underline{S}_{22}\underline{M}_2 \tag{229}$$

11.1. Ableitung der Streuform aus der Kettenform

Die Herleitung der Streuform aus der konventionellen Kettenform Gl. (5) (S. 126) erfolgt durch eine geeignete Umformung des Gleichungspaares (228). Für eine bessere Übersichtlichkeit der folgenden algebraischen Operationen werden vorübergehend einige Abkürzungen eingeführt.

Abkürzungen:

$$\underline{M}_1 = x; \quad \underline{N}_1 = y; \quad \underline{M}_2 = v; \quad \underline{N}_2 = w \qquad (230)$$

$$\underline{A}'_{11} = a; \quad \underline{A}'_{12} = b; \quad \underline{A}'_{21} = c; \quad \underline{A}'_{22} = d$$

Mit diesen Abkürzungen erhält man für Gl. (228) eine für algebraische Umformungen übersichtlichere Fassung

$$x + y = a(v + w) - b(v - w)$$

$$x - y = c(v + w) - d(v - w)$$

und umgestellt

$$y - (a + b)w = -x + (a - b)v \qquad (231)$$

$$-y - (c + d)w = -x + (c - d)v \qquad (232)$$

Durch Addition beider Gleichungen findet man für w

$$-(a + b + c + d)w = -2x + (a - b + c - d)v$$

bzw.

$$w = \frac{2}{a + b + c + d}x + \frac{-a + b - c - d}{a + b + c + d}v \qquad (233)$$

Setzt man Gl. (233) in Gl. (231) ein und löst diesen Ausdruck nach y auf, so findet man schließlich

$$y = \frac{a + b - c - d}{a + b + c + d}x + \frac{2(ad - bc)}{a + b + c + d}v \qquad (234)$$

Beide Gleichungen lauten zusammengefaßt in Matrizenform

$$\begin{bmatrix} y \\ w \end{bmatrix} = \frac{1}{a + b + c + d} \begin{bmatrix} a + b - c - d & 2(ad - bc) \\ 2 & -a + b - c + d \end{bmatrix}$$

bzw.

$$\begin{bmatrix} y \\ w \end{bmatrix} = (\underline{S}) \begin{bmatrix} x \\ v \end{bmatrix} \qquad (235)$$

mit der Koeffizientenmatrix (Streumatrix)

$$(\underline{S}) = \begin{bmatrix} \underline{S}_{11} & \underline{S}_{12} \\ \underline{S}_{21} & \underline{S}_{22} \end{bmatrix} = \frac{1}{a + b + c + d} \begin{bmatrix} a + b - c - d & 2(ad - bc) \\ 2 & -a + b - c + d \end{bmatrix}$$

$$(236)$$

Ersetzt man die Abkürzungen in Gl. (235) und (236) durch die ursprünglichen Zweitorgrößen nach Gl. (230), so erhält man die __Streuform__ der Zweitorgleichungen ausgedrückt durch normierte Kettenparameter.

$$\begin{bmatrix} \underline{N}_1 \\ \underline{N}_2 \end{bmatrix} = (\underline{S}) \begin{bmatrix} \underline{M}_1 \\ \underline{M}_2 \end{bmatrix} \tag{237}$$

mit der Streumatrix

$$(\underline{S}) = \begin{bmatrix} \underline{S}_{11} & \underline{S}_{12} \\ \underline{S}_{21} & \underline{S}_{22} \end{bmatrix}$$

$$(\underline{S}) = \frac{1}{\underline{A}'} \begin{bmatrix} \underline{A}'_{11} + \underline{A}'_{12} - \underline{A}'_{21} - \underline{A}'_{22} & 2(\underline{A}'_{11}\underline{A}'_{22} - \underline{A}'_{12}\underline{A}'_{21}) \\ 2 & -\underline{A}'_{11} + \underline{A}'_{12} - \underline{A}'_{21} + \underline{A}'_{22} \end{bmatrix} \tag{238}$$

mit der Abkürzung $\quad \underline{A}' = \underline{A}'_{11} + \underline{A}'_{12} + \underline{A}'_{21} + \underline{A}'_{22}$ $\tag{239}$

11.2. Umrechnung der Zweitorparameter

Gl. (238) erlaubt die Berechnung der Streumatrix eines Zweitors, dessen Kettenmatrix gegeben ist. Mit Hilfe der Umrechnungsbeziehungen aus Tafel 3 (S. 29) kann man die Streumatrix auch aus anderen Zweitorparametern ermitteln. Dazu drücken wir die Kettenparameter in Gl. (238) durch die entsprechenden anderen Parameter aus. Als Beispiel soll die Streumatrix (238) durch Widerstandsparameter ($\underline{Z}$-Parameter) ausgedrückt werden. Dazu werden die normierten Kettenparameter in Gl. (238) über die Umrechnungsbeziehung (45) aus Tafel 3 (S. 29) durch normierte Widerstandsparameter ausgedrückt. Zunächst normiert man die $\underline{Z}$-Parameter auf den Bezugswiderstand Z_0 zu

$$\begin{aligned} \underline{Z}'_{11} &= \underline{Z}_{11}/Z_0; & \underline{Z}'_{12} &= \underline{Z}_{12}/Z_0 \\ \underline{Z}'_{21} &= \underline{Z}_{21}/Z_0; & \underline{Z}'_{22} &= \underline{Z}_{22}/Z_0 \end{aligned} \tag{240}$$

Man erhält damit im einzelnen zunächst die Zwischengrößen

$$\underline{A}' = \underline{A}'_{11} + \underline{A}'_{12} + \underline{A}'_{21} + \underline{A}'_{22} = (\underline{Z}'_{11} + \underline{Z}' + 1 + \underline{Z}'_{22})/\underline{Z}'_{21}$$

$$\underline{A}'_{11} + \underline{A}'_{12} - \underline{A}'_{21} - \underline{A}'_{22} = (\underline{Z}'_{11} + \underline{Z}' - 1 - \underline{Z}'_{22})/\underline{Z}'_{21}$$

$$\underline{A}'_{11}\underline{A}'_{22} - \underline{A}'_{12}\underline{A}'_{21} = (\underline{Z}'_{11}\underline{Z}'_{22} - \underline{Z}'^2)/\underline{Z}'^2_{21} = \underline{Z}'_{12}/\underline{Z}'_{21}$$

$$-\underline{A}'_{11} + \underline{A}'_{12} - \underline{A}'_{21} + \underline{A}'_{22} = (-\underline{Z}'_{11} + \underline{Z}' - 1 + \underline{Z}'_{22})/\underline{Z}'_{21}$$

Eingesetzt in Gl. (238) ergibt sich die Streumatrix ausgedrückt durch normierte Widerstandsparameter.

$$(\underline{S}) = \frac{1}{1 + \underline{Z}'_{11} + \underline{Z}'_{22} + \underline{Z}'} \begin{bmatrix} -1 + \underline{Z}'_{11} - \underline{Z}'_{22} + \underline{Z}' & 2\underline{Z}'_{12} \\ 2\underline{Z}'_{21} & -1 - \underline{Z}'_{11} + \underline{Z}'_{22} + \underline{Z}' \end{bmatrix} \qquad (241)$$

In Tafel 10 (S. 132) sind alle vier Varianten der Streumatrix ausgedrückt durch normierte Ketten-, Widerstands-, Leitwert- und Hybridparameter zusammengestellt.

Um die umgekehrte Aufgabe zu lösen, aus gegebenen Streuparametern die konventionellen Zweitorparameter zu bestimmen, geht man von den Streuparametern ausgedrückt durch Kettenparameter aus. Für diese Umrechnung verwendet man der besseren Übersicht wegen die Fassung Gl. (236) (S. 128).

$$\underline{S}_{11} = \frac{a + b - c - d}{a + b + c + d} \qquad \underline{S}_{12} = \frac{2(ad - bc)}{a + b + c + d}$$

$$\underline{S}_{21} = \frac{2}{a + b + c + d} \qquad \underline{S}_{22} \frac{-a + b - c + d}{a + b + c + d}$$

Durch Umstellung erhält man aus ihnen vier Gleichungen für die vier Umbekannten a, b, c und d.

$$a(\underline{S}_{11} - 1) + b(\underline{S}_{11} - 1) + c(\underline{S}_{11} + 1) + d(\underline{S}_{11} + 1) = 0$$

$$a\underline{S}_{121} + b\underline{S}_{12} + c\underline{S}_{12} + d\underline{S}_{12} - 2(ad - bc) = 0$$

$$a\underline{S}_{21} + b\underline{S}_{21} + c\underline{S}_{21} + d\underline{S}_{21} = 0 \qquad (242)$$

$$a(\underline{S}_{22} + 1) + b(\underline{S}_{22} - 1) + c(\underline{S}_{22} + 1) + d(\underline{S}_{22} - 1) = 0$$

Dieses nichtlineare Gleichungssystem (s. 2. Gleichung) löst man verhältnismäßig übersichtlich durch die Methode des Einsetzens. Nach einer einfachen, aber etwas langwierigen Rechnung erhält man für die vier Unbekannten a, b, c und d die Ausdrücke Gl. (243) (S. 131).

$$a = \underline{A}'_{11} = (1 + \underline{S}_{11} - \underline{S}_{22} - \underline{S})/2\underline{S}_{21}$$
$$b = \underline{A}'_{12} = (1 + \underline{S}_{11} + \underline{S}_{22} + \underline{S})/2\underline{S}_{21}$$
$$c = \underline{A}'_{21} = (1 - \underline{S}_{11} - \underline{S}_{22} + \underline{S})/2\underline{S}_{21} \qquad (243)$$
$$d = \underline{A}'_{22} = (1 - \underline{S}_{11} + \underline{S}_{22} - \underline{S})/2\underline{S}_{21}$$

mit der Determinante $\quad \underline{S} = \underline{S}_{11}\underline{S}_{22} - \underline{S}_{12}\underline{S}_{21}$

Die auf den Bezugswiderstand Z_o normierte Kettenmatrix $(\underline{A}')$ ausgedrückt durch Streuparameter lautet damit

$$(\underline{A}') = \begin{bmatrix} \underline{A}'_{11} & \underline{A}'_{12} \\ \underline{A}'_{21} & \underline{A}'_{22} \end{bmatrix}$$

$$(\underline{A}') = \frac{1}{2\underline{S}_{21}} \begin{bmatrix} 1 + \underline{S}_{11} - \underline{S}_{22} - \underline{S} & 1 + \underline{S}_{11} + \underline{S}_{22} + \underline{S} \\ 1 - \underline{S}_{11} - \underline{S}_{22} + \underline{S} & 1 - \underline{S}_{11} + \underline{S}_{22} - \underline{S} \end{bmatrix} \qquad (244)$$

Die Berechnungg der Leitwert-, Widerstands- und Hybridmatrix erfolgt mit der Umrechnungstabelle Tafel 3 (S. 29); z.B. ererhält man mit Gl. (44) aus Tafel 2 die normierten Leitwertparameter

$$\underline{Y}'_{11} = \frac{\underline{A}'_{22}}{\underline{A}'_{12}} = \frac{1 - \underline{S}_{11} + \underline{S}_{22} - \underline{S}}{1 + \underline{S}_{11} + \underline{S}_{22} + \underline{S}} \; ; \qquad \underline{Y}'_{12} = \frac{-\underline{A}'}{\underline{A}'_{12}} = \frac{-2\underline{S}_{12}}{1 + \underline{S}_{11} + \underline{S}_{22} + \underline{S}}$$

$$\underline{Y}'_{21} = \frac{-1}{\underline{A}'_{12}} = \frac{-2\underline{S}_{21}}{1 + \underline{S}_{11} + \underline{S}_{22} + \underline{S}} \; ; \qquad \underline{Y}'_{22} = \frac{\underline{A}'_{11}}{\underline{A}'_{12}} = \frac{1 + \underline{S}_{11} - \underline{S}_{22} - \underline{S}}{1 + \underline{S}_{11} + \underline{S}_{22} + \underline{S}}$$

In Tafel 10 (S. 133) sind die normierten Leitwert-, Widerstands-, Ketten- und Hybridmatrizen zusammengestellt.

<u>Normierung.</u> Braucht man diese vier Matrizen bzw. ihre Parameter mit ihren ursprünglichen Einheiten, so müssen die betreffenden Parameter re-normiert werden. Dazu werden die normierten Parameter je nach ihrer Dimension mit dem Bezugswiderstand Z_o bzw. dem Bezugsleitwert $Y_o = 1/Z_o$ multipliziert.

Tafel 10 Gegenseitige Umrechnung der Zweitorparameter
(Bezugswiderstand Z_o bzw. Bezugsleitwert $Y_o = 1/Z_o$)

$$(\underline{S}) = \begin{bmatrix} \underline{S}_{11} & \underline{S}_{12} \\ \underline{S}_{21} & \underline{S}_{22} \end{bmatrix} = \frac{1}{\underline{A}'_{11} + \underline{A}'_{12} + \underline{A}'_{21} + \underline{A}'_{22}} \begin{bmatrix} \underline{A}'_{11} + \underline{A}'_{12} - \underline{A}'_{21} - \underline{A}'_{22} & 2(\underline{A}'_{11}\underline{A}'_{22} - \underline{A}'_{12}\underline{A}'_{21}) \\ 2 & -\underline{A}'_{11} + \underline{A}'_{12} - \underline{A}'_{21} + \underline{A}'_{22} \end{bmatrix} \tag{245}$$

$$= \frac{1}{1 + \underline{Z}'_{11} + \underline{Z}'_{22} + \underline{Z}'} \begin{bmatrix} -1 + \underline{Z}'_{11} - \underline{Z}'_{22} + \underline{Z}' & 2\underline{Z}'_{12} \\ 2\underline{Z}'_{21} & -1 - \underline{Z}'_{11} + \underline{Z}'_{22} + \underline{Z}' \end{bmatrix} \tag{246}$$

$$= \frac{1}{1 + \underline{Y}'_{11} + \underline{Y}'_{22} + \underline{Y}'} \begin{bmatrix} 1 - \underline{Y}'_{11} + \underline{Y}'_{22} - \underline{Y}' & -2\underline{Y}'_{12} \\ -2\underline{Y}'_{21} & 1 + \underline{Y}'_{11} - \underline{Y}'_{22} - \underline{Y}' \end{bmatrix} \tag{247}$$

$$= \frac{1}{1 + \underline{h}'_{11} + \underline{h}'_{22} + \underline{h}'} \begin{bmatrix} -1 + \underline{h}'_{11} - \underline{h}'_{22} + \underline{h}' & 2\underline{h}'_{12} \\ -2\underline{h}'_{21} & 1 + \underline{h}'_{11} - \underline{h}'_{22} - \underline{h}' \end{bmatrix} \tag{248}$$

<u>Tafel 10</u> (Fortsetzung)

$$(\underline{Z}') = \begin{bmatrix} \underline{Z}'_{11} & \underline{Z}'_{12} \\ \underline{Z}'_{21} & \underline{Z}'_{22} \end{bmatrix} = \frac{1}{1 - \underline{S}_{11} - \underline{S}_{22} + \underline{S}} \begin{bmatrix} 1 + \underline{S}_{11} - \underline{S}_{22} - \underline{S} & 2\underline{S}_{12} \\ 2\underline{S}_{21} & 1 - \underline{S}_{11} + \underline{S}_{22} - \underline{S} \end{bmatrix} \tag{249}$$

$$(\underline{Y}') = \begin{bmatrix} \underline{Y}'_{11} & \underline{Y}'_{12} \\ \underline{Y}'_{21} & \underline{Y}'_{22} \end{bmatrix} = \frac{1}{1 + \underline{S}_{11} + \underline{S}_{22} + \underline{S}} \begin{bmatrix} 1 - \underline{S}_{11} + \underline{S}_{22} - \underline{S} & -2\underline{S}_{12} \\ -2\underline{S}_{21} & 1 + \underline{S}_{11} - \underline{S}_{22} - \underline{S} \end{bmatrix} \tag{250}$$

$$(\underline{h}') = \begin{bmatrix} \underline{h}'_{11} & \underline{h}'_{12} \\ \underline{h}'_{21} & \underline{h}'_{22} \end{bmatrix} = \frac{1}{1 - \underline{S}_{11} + \underline{S}_{22} - \underline{S}} \begin{bmatrix} 1 + \underline{S}_{11} + \underline{S}_{22} + \underline{S} & 2\underline{S}_{12} \\ -2\underline{S}_{21} & 1 - \underline{S}_{11} - \underline{S}_{22} + \underline{S} \end{bmatrix} \tag{251}$$

$$(\underline{A}') = \begin{bmatrix} \underline{A}'_{11} & \underline{A}'_{12} \\ \underline{A}'_{21} & \underline{A}'_{22} \end{bmatrix} = \frac{1}{2\underline{S}_{21}} \begin{bmatrix} 1 + \underline{S}_{11} - \underline{S}_{22} - \underline{S} & 1 + \underline{S}_{11} + \underline{S}_{22} + \underline{S} \\ 1 - \underline{S}_{11} - \underline{S}_{22} + \underline{S} & 1 - \underline{S}_{11} + \underline{S}_{22} - \underline{S} \end{bmatrix} \tag{252}$$

<u>Vereinfachungen.</u> Für <u>lineare, passive</u> Zweitore gilt der Umkehrungssatz (s. S..33f)

$$\underline{Y}_{12} = \underline{Y}_{21}; \quad \underline{Z}_{12} = \underline{Z}_{21}; \quad \underline{h}_{12} = -\underline{h}_{21}; \quad \underline{A} = 1$$

Setzt man die Beziehung $\underline{A} = \underline{A}' = 1$ in Gl. (245) (Tafel 10, s. S. 132) ein, so erhält man vereinfachend

$$\underline{S}_{12} = \underline{S}_{21} = 2/(\underline{A}'_{11} + \underline{A}'_{12} + \underline{A}'_{21} + \underline{A}'_{22}) \tag{253}$$

Für <u>lineare, passive, längssymmetrische</u> Zweitore gelten die Vereinfachungen aus Tafel 4 (S. 37)

$$\underline{Y}_{11} = \underline{Y}_{22}; \quad \underline{Z}_{11} = \underline{Z}_{22}; \quad \underline{A}_{11} = \underline{A}_{22}$$

Setzt man sie in Gl. (245) bis (247) aus Tafel 10 (S. 132) ein, so gelten für diese Zweitore die Vereinfachnungen

$$\underline{S}_{12} = \underline{S}_{21} \tag{253}$$

$$\underline{S}_{11} = \underline{S}_{22} \tag{254}$$

<u>11.3. Beispiele</u>

<u>Beispiel 26:</u> Für das abgebildete Zweitor (Bild 81) mit den Wirkwiderständen $R_1 = 100\,\Omega$ und $R_2 = 50\,\Omega$ ist für den Bezugswiderstand $Z_o = 50\,\Omega$ die Streumatrix aufzustellen.

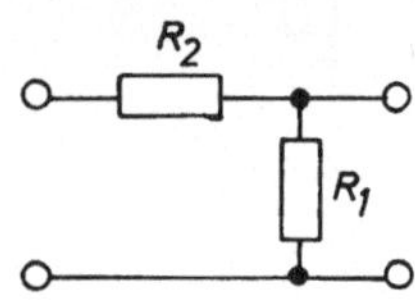

Bild 81   Zweitor

Die Kettenmatrix des abgebildeten Elementarzweitors VIII (s. S. 69) lautet mit Gl. (121)

$$(\underline{A}_{VIII}) = \begin{bmatrix} 1 + R_2/R_1 & R_2 \\ 1/R_1 & 1 \end{bmatrix} = \begin{bmatrix} 1{,}5 & 50\,\Omega \\ 10\ \text{mS} & 1 \end{bmatrix}$$

und normiert auf $Z_o = 50\,\Omega$

$$(\underline{A}'_{VIII}) = \begin{bmatrix} 1{,}5 & 1 \\ 0{,}5 & 1 \end{bmatrix}$$

Mit den Teilsummen aus Gl. (245) (Tafel 10, S. 132)

$$\underline{A}'_{11} + \underline{A}'_{12} + \underline{A}'_{21} + \underline{A}'_{22} = 4$$

$$\underline{A}'_{11} + \underline{A}'_{12} - \underline{A}'_{21} - \underline{A}'_{22} = 1$$

$$-\underline{A}'_{11} + \underline{A}'_{12} - \underline{A}'_{21} + \underline{A}'_{22} = 0$$

und der Vereinfachung $\underline{S}_{12} = \underline{S}_{21}$ nach Gl. (253) (S. 134) erhält man die Streumatrix

$$(\underline{S}) = \begin{bmatrix} 0,25 & 0,50 \\ 0,50 & 0 \end{bmatrix}$$

<u>Beispiel 27</u>: Für das T-Zweitor nach
Bild 82 mit den Impedanzen $R = X_C = 50\,\Omega$
ist für den Bezugswiderstand $Z_o = 50\,\Omega$
die Streumatrix aufzustellen.

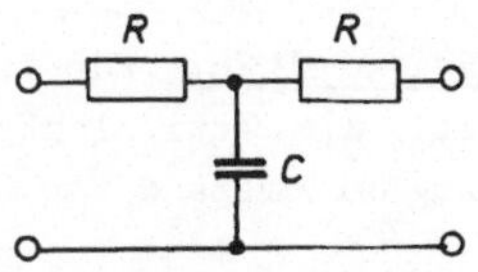

Bild 82 T-Zweitor

Die Widerstandsmatrix des abgebildeten Elementarzweitors IX lautet nach
Gl. (123) (S. 70)

$$(\underline{Z}_{IX}) = \begin{bmatrix} \underline{Z}_1 + \underline{Z}_2 & \underline{Z}_2 \\ \underline{Z}_2 & \underline{Z}_1 + \underline{Z}_3 \end{bmatrix} = \begin{bmatrix} R - jX_C & -jX_C \\ -jX_C & R - jX_C \end{bmatrix}$$

$$= \begin{bmatrix} 50 - j50 & -j50 \\ -j50 & 50 - j50 \end{bmatrix} \Omega$$

und normiert auf $Z_o = 50\,\Omega$

$$(\underline{Z}'_{IX}) = \begin{bmatrix} 1 - j & -j \\ -j & 1 - j \end{bmatrix}$$

Die Streumatrix wird mit Gl. (246) aus Tafel 10 (S. 132) bestimmt. Mit der Determinante der Widerstandsmatrix und den
Teilsummen

$$\underline{Z}' = (1 - j)^2 - j^2 = 1 - j2$$

$$1 + \underline{Z}'_{11} + \underline{Z}'_{22} + \underline{Z}' = 4 - j4$$

$$-1 + \underline{Z}'_{11} - \underline{Z}'_{22} + \underline{Z}' = -j2$$

und den Symmetrieeigenschaften $\underline{S}_{11} = \underline{S}_{22}$ bzw. $\underline{S}_{12} = \underline{S}_{21}$ (s. S. 134) erhält man die Streuparameter

$$\underline{S}_{11} = \underline{S}_{22} = (-1 + \underline{Z}'_{11} - \underline{Z}'_{22} + \underline{Z}')/(1 + \underline{Z}'_{11} + \underline{Z}'_{22} + \underline{Z}')$$

$$= -2j/(4 - 4j) = 1/4 - j/4$$

$$\underline{S}_{12} = \underline{S}_{21} = 2\underline{Z}'_{12}/(1 + \underline{Z}'_{11} + \underline{Z}'_{22} + \underline{Z}')$$

$$= -2j/(4 - 4j) = 1/4 - j/4$$

sowie die Streumatrix

$$(\underline{S}) = \begin{bmatrix} 0{,}25 - j0{,}25 & 0{,}25 - j0{,}25 \\ 0{,}25 - j0{,}25 & 0{,}25 - j0{,}25 \end{bmatrix}$$

<u>Beispiel 28:</u> Für ein Zweitor ist die Streumatrix bekannt. Es ist die äquivalente T-Ersatzschaltung zu bestimmen. Der Bezugswiderstand ist $Z_o = 50\,\Omega$.

$$(\underline{S}) = \begin{bmatrix} 0{,}412 & 0{,}118 \\ 0{,}118 & 0{,}177 \end{bmatrix}$$

Zur Bestimmung der T-Ersatzschaltung braucht man die Widerstandsparameter des Zweitors, um Gl. (177) (S. 98) auswerten zu können. Dazu wird die gegebene Streumatrix mit Gl. (249) aus Tafel 10 (S. 133) zunächst in die normierte Widerstandsmatrix umgerechnet. Mit der Determinante der Streumatrix und den Teilsummen

$$\underline{S} = 0{,}412 \cdot 0{,}177 - 0{,}118^2 = 0{,}059$$

$$1 + \underline{S}_{11} - \underline{S}_{22} - \underline{S} = 1{,}176$$

$$1 - \underline{S}_{11} + \underline{S}_{22} - \underline{S} = 0{,}706$$

$$1 - \underline{S}_{11} - \underline{S}_{22} + \underline{S} = 0{,}470$$

erhält man die normierten Widerstandsparameter

$$\underline{Z}'_{11} = 1{,}176/0{,}470 = 2{,}50$$

$$\underline{Z}'_{12} = \underline{Z}'_{21} = 0{,}236/0{,}470 = 0{,}50$$

$$\underline{Z}'_{22} = 0{,}706/0{,}470 = 1{,}50$$

Multipliziert man diese normierten Widerstandsparameter mit
dem Bezugswiderstand Z_o, so finden wir die Widerstandsparameter

$$\underline{Z}_{11} = \underline{Z}'_{11}Z_o = 125\,\Omega$$

$$\underline{Z}_{12} = \underline{Z}_{21} = \underline{Z}'_{12}Z_o = 25\,\Omega$$

$$\underline{Z}_{22} = \underline{Z}'_{22}Z_o = 75\,\Omega$$

Die Widerstände der T-Ersatzschaltung (Bild 82) sind Wirkwiderstände und haben mit Gl. (177) (S. 98) die Werte

$$\underline{Z}_1 = R_1 = \underline{Z}_{11} - \underline{Z}_{12} = 100\,\Omega$$

$$\underline{Z}_2 = R_2 = \underline{Z}_{12} \qquad = 25\,\Omega$$

$$\underline{Z}_3 = R_3 = \underline{Z}_{22} - \underline{Z}_{12} = 50\,\Omega$$

Bild 82   T-Ersatzschaltung

11.4. Streuparameter

Wie bei der Bestimmung der konventionellen Widerstands-,
Leitwert-, Ketten- und Hybridparameter dürfen bei der Bestimmung bzw. Messung der Streuparameter in Gl. (229)

$$\underline{N}_1 = \underline{S}_{11}\underline{M}_1 + \underline{S}_{12}\underline{M}_2$$

$$\underline{N}_2 = \underline{S}_{21}\underline{M}_1 + \underline{S}_{22}\underline{M}_2 \tag{229}$$

nur von außen, an den Toren des Zweitors meßbare Größen verwendet werden. Bei den konventionellen Zweitorparametern sind
das Ströme und Spannungen, bei Streuparametern hin- und rücklaufende (reflektierte) Wellen.

Bestimmung und Bedeutung der Streuparameter. Die Streuparameter eines Zweitors werden unter Anpassungsbedingungen bestimmt bzw. gemessen. Setzt man im Gleichungspaar (229) die
Welle $\underline{M}_1$ bzw. $\underline{M}_2$ gleich Null, so erhält man vier Bestimmungsgleichungen für die vier Streuparameter $\underline{S}_{11}$ bis $\underline{S}_{22}$. Die Bedingung $\underline{M}_2 = 0$ bedeutet physikalisch, daß am Zweitorausgang
allein eine Welle vom Zweitor zum Lastwiderstand $\underline{Z}_a$ läuft.

Dazu muß der Lastwiderstand $\underline{Z}_a$ an das Ausgangstor des Zweitors angepaßt sein. Das heißt, der Ausgangswiderstand $\underline{Z}_2$ des mit dem Quellenwiderstand Z_i belasteten Zweitors (Bild 83a) ist gleich dem konjugiert komplexen Wert des Lastwiderstands $\underline{Z}_a$ (komplexe Anpassung).

$$\underline{Z}_a = \underline{Z}_2^*$$

(Zu $\underline{Z}_2$ s. auch Gl. (74) bis (77) in Tafel 6, S. 45f).

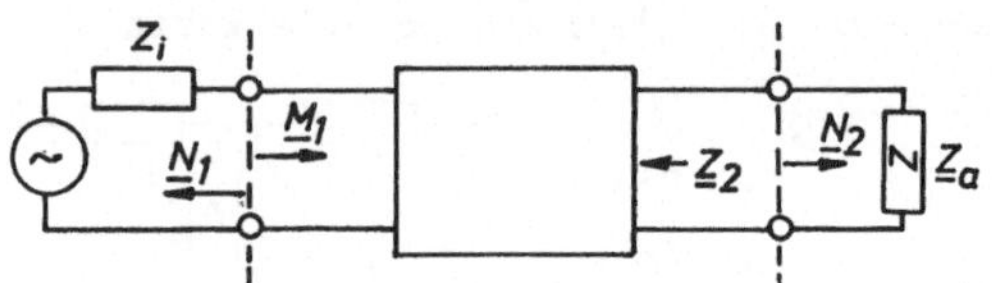

a) Anpassung am Ausgangstor

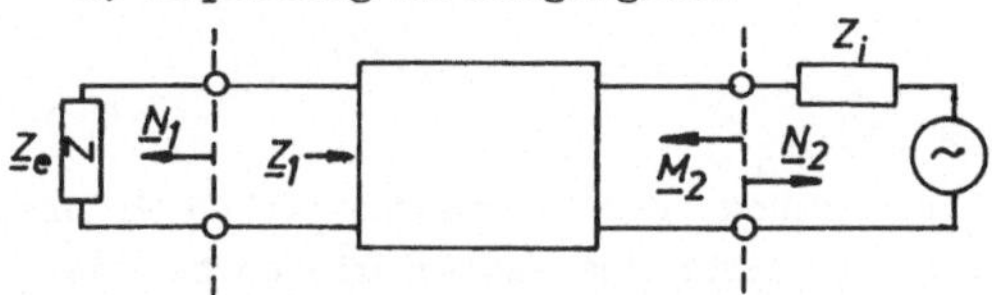

b) Anpassung am Eingangstor

Bild 83   Bestimmung der Streuparameter

Mit der Bedingung $\underline{M}_2 = 0$ erhält man aus Gl. (229) (S. 137)

$$\underline{N}_1 = \underline{S}_{11}\underline{M}_1 \quad \text{bzw.} \quad \underline{S}_{11} = \left.\frac{\underline{N}_1}{\underline{M}_1}\right|_{\underline{M}_2 = 0} \tag{255}$$

$$\underline{N}_2 = \underline{S}_{21}\underline{M}_1 \quad \text{bzw.} \quad \underline{S}_{21} = \left.\frac{\underline{N}_2}{\underline{M}_1}\right|_{\underline{M}_2 = 0} \tag{256}$$

Der Streuparameter $\underline{S}_{11}$ stellt den <u>eingangsseitigen Reflektionsfaktor</u> entsprechend Gl. (219) in Tafel 9 (S. 124) dar. Der Streuparameter $\underline{S}_{21}$ ist das Verhältnis der vom Ausgangstor reflektionsfrei abfließenden Welle zur am Eingangstor hinlaufenden Welle, er wird <u>Übertragungsfaktor vorwärts</u> genannt.

Die Bedingung $\underline{M}_1 = 0$ bedeutet, daß am Eingangstor allein eine Welle zum Lastwiderstand $\underline{Z}_e$ läuft, der Eingang ist reflektionsfrei abgeschlossen (Bild 83b). Für die notwendige eingangsseitige Anpassung gilt, daß der Eingangswiderstand $\underline{Z}_1$ des mit dem Quellenwiderstand $\underline{Z}_i$ belasteten Zweitors gleich dem konjugiert komplexen Wert des Lastwiderstands $\underline{Z}_e$ ist.

$$\underline{Z}_e = \underline{Z}_1^*$$

(Zu $\underline{Z}_1$ s. auch Gl. (70) bis (73) in Tafel 6, S. 45).

Mit der Bedingung $\underline{M}_1 = 0$ erhält man aus Gl. (229) (S. 137)

$$\underline{N}_1 = \underline{S}_{12}\underline{M}_2 \quad \text{bzw.} \quad \underline{S}_{12} = \left.\frac{\underline{N}_1}{\underline{M}_2}\right|_{\underline{M}_1 = 0} \tag{257}$$

$$\underline{N}_2 = \underline{S}_{22}\underline{M}_2 \quad \text{bzw.} \quad \underline{S}_{22} = \left.\frac{\underline{N}_2}{\underline{M}_2}\right|_{\underline{M}_1 = 0} \tag{258}$$

Der Streuparameter $\underline{S}_{12}$ stellt das Verhältnis der vom Eingangstor reflektionsfrei abfließende Welle zur am Ausgangstor hinlaufende Welle dar, er wird <u>Übertragungsfaktor rückwärts</u> genannt. Der Streuparameter $\underline{S}_{22}$ ist der <u>ausgangsseitige Reflektionsfaktor</u> bei angepaßtem Eingangstor.

<u>Tafel 11</u> Bestimmung und Benennung der Streuparameter

Eingangsreflektionsfaktor
bei angepaßtem Ausgangstor

$$\underline{S}_{11} = \left.\frac{\underline{N}_1}{\underline{M}_1}\right|_{\underline{M}_2 = 0} \tag{255}$$

Übertragungsfaktor rückwärts

$$\underline{S}_{12} = \left.\frac{\underline{N}_1}{\underline{M}_2}\right|_{\underline{M}_1 = 0} \tag{257}$$

Übertragungsfaktor vorwärts

$$\underline{S}_{21} = \left.\frac{\underline{N}_2}{\underline{M}_1}\right|_{\underline{M}_2 = 0} \tag{256}$$

Ausgangsreflektionsfaktor
bei angepaßtem Eingangstor

$$\underline{S}_{22} = \left.\frac{\underline{N}_2}{\underline{M}_2}\right|_{\underline{M}_1 = 0} \tag{258}$$

11.5. Eingangs- und Ausgangsreflektionsfaktor

Der Betriebsfall eines Zweitors wird durch das Modell Sender-
Zweitor-Empfänger (Bild 84) nachgebildet. Bei der Strom-Span-
nungsbetrachtungsweise (also mit konventionellen $\underline{Z}$-, $\underline{Y}$-, $\underline{A}$-
oder $\underline{h}$-Parametern) ist u.a. zur Beurteilung von Anpassung-
problemen die Kenntnis der Eingangs- und Ausgangswiderstände
bei beliebiger Last wichtig (s. auch Abschn. 2.8, S. 43ff).

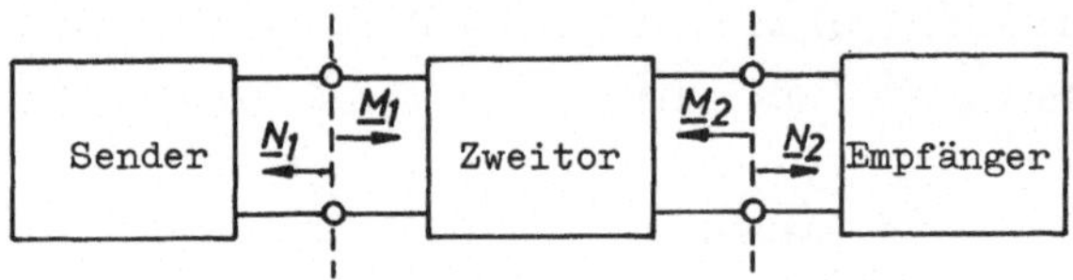

Bild 84   Modell Sender-Zweitor-Empfänger

Bei der Wellenbeschreibung des Zweitors durch Streuparameter
treten anstelle von Strom- und Spannungsmessungen Wellenmessungen. Da bei höheren Frequenzen unmittelbare Widerstandsmessungen aus oben genannten Gründen ebenfalls schwierig bzw.
unmöglich sind (s. S. 119), werden zur Beurteilung belasteter
Zweitore eingangs- bzw. ausgangsspezifische Größen herangezogen, die durch Wellenmessungen ermittelt werden können. Statt
mit Eingangs- bzw. Ausgangswiderständen beliebig belasteter
Zweitore arbeitet man jetzt mit eingangs- bzw. ausgangsseiti-
gen Reflektionsfaktoren, Lastwiderstände werden durch äquivalente Reflektionsfaktoren ersetzt.

Reflektionsfaktor und Widerstand. Der in Gl. (219) (S. 124)

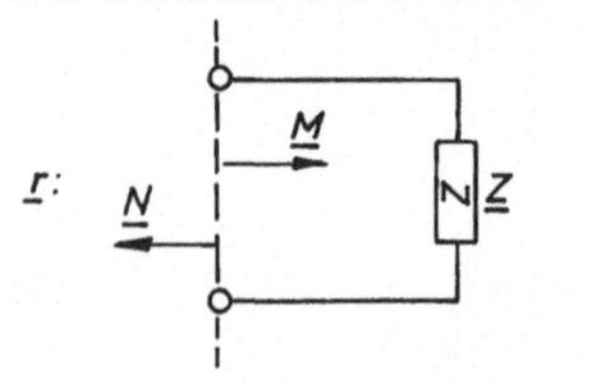

definierte Reflektionsfaktor $\underline{r}$
ist bei bekanntem Bezugswider-
stand Z_o ein Maß für den betref-
fenden Widerstand $\underline{Z}$ (Bild 85).
Die gegenseitige Zuordnung er-
gibt sich unmittelbar aus Gl.
(219) (S. 124).

Bild 85 Reflektionsfaktor

Mit $\underline{Z}' = \underline{Z}/Z_o$ erhält man

$$\underline{r} = \frac{\underline{N}}{\underline{M}} = \frac{\underline{Z}' - 1}{\underline{Z}' + 1} \qquad (259)$$

und die zugehörige Umkehrung

$$\underline{Z}' = \frac{1 + \underline{r}}{1 - \underline{r}} \qquad (260)$$

<u>Eingangsreflektionsfaktor.</u> Für ein mit dem Abschlußwiderstand $\underline{Z}_a$ abgeschlossenes Zweitor (Bild 86) berechnet man den Eingangswiderstand $\underline{Z}_1$ bei Verwendung· von Widerstandsparametern mit Gl. (71) (S. 45). Bei der Wellenbeschreibung treten anstelle der Widerstände die zugehörigen Reflektionsfaktoren.

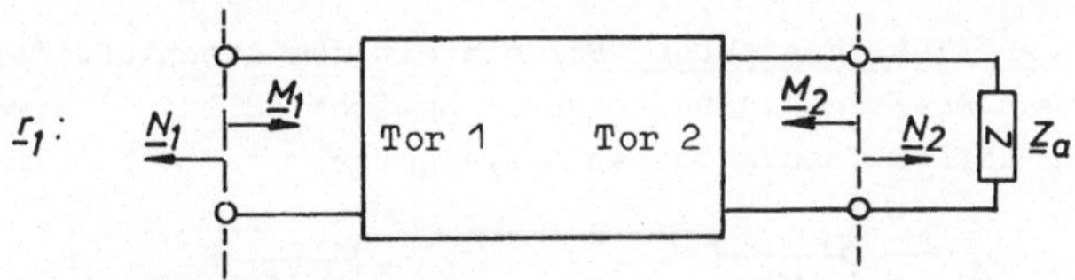

Bild 86 Eingangsreflektionsfaktor eines beliebig abgeschlossenen Zweitors

Zunächst wird der Lastwiderstand $\underline{Z}_a$ durch seinen zugehörigen Reflektionsfaktor $\underline{r}_a$ ausgedrückt. Mit der Normierung auf den Bezugswiderstand Z_o

$$\underline{Z}_a' = \underline{Z}_a/Z_o$$

und Gl. (259) findet man bei Beachtung der in Bild 85 vereinbarten Wellenrichtungen

$$\underline{r}_a = \underline{M}_2/\underline{N}_2 = \frac{\underline{Z}_a' - 1}{\underline{Z}_a' + 1} \qquad (261)$$

Ausgehend vom Streugleichungspaar

$$\underline{N}_1 = \underline{S}_{11}\underline{M}_1 + \underline{S}_{12}\underline{M}_2 \qquad (229a)$$

$$\underline{N}_2 = \underline{S}_{21}\underline{M}_1 + \underline{S}_{22}\underline{M}_2 \qquad (229b)$$

folgt zunächst mit Gl. (229a) der Eingangsreflektionsfaktor

$$\underline{r}_1 = \underline{N}_1/\underline{M}_1 = \underline{S}_{11} + \underline{S}_{12}\underline{M}_2/\underline{M}_1 \qquad (262)$$

Die in Gl. (262) enthaltene Welle $\underline{M}_1$ wird über Gl. (229b) ausgedrückt

$$\underline{M}_1 = \underline{N}_2/\underline{S}_{21} - \underline{S}_{22}\underline{M}_2/\underline{S}_{21}$$

und in Gl. (262) eingesetzt. So erhält man zunächst

$$\underline{r}_1 = \underline{S}_{11} + \underline{S}_{12}\frac{\dfrac{M_2}{}}{\underline{N}_2/\underline{S}_{21} - \underline{S}_{22}\underline{M}_2/\underline{S}_{21}} = \underline{S}_{11} + \frac{\underline{M}_2}{\underline{N}_2}\frac{\underline{S}_{12}\underline{S}_{21}}{1 - \underline{S}_{22}\underline{M}_2/\underline{N}_2}$$

Drückt man nun noch das Wellenverhältnis $\underline{M}_2/\underline{N}_2$ durch Gl. (261) aus, so findet man für den <u>Eingangsreflektionsfaktor</u>

$$\underline{r}_1 = \underline{S}_{11} + \underline{r}_a\frac{\underline{S}_{12}\underline{S}_{21}}{1 - \underline{S}_{22}\underline{r}_a} \tag{263}$$

<u>Ausgangsreflektionsfaktor.</u> Für ein mit dem Abschlußwiderstand $\underline{Z}_e$ eingangsseitig abgeschlossenes Zweitor (Bild 87) berechnet man den Reflektionsfaktor am Ausgangstor.

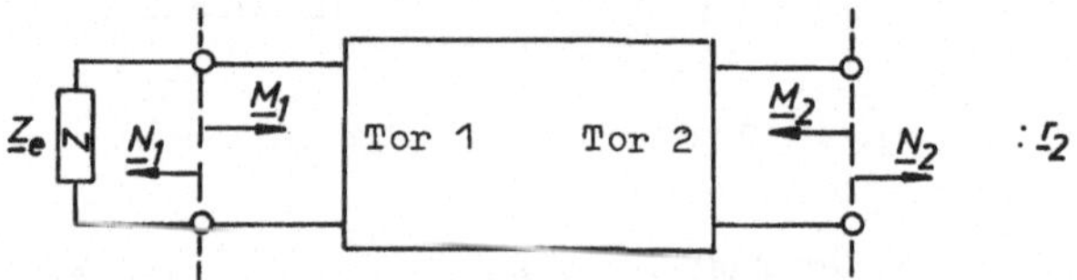

Bild 87 Ausgangsreflektionsfaktor eines beliebig abgeschlossenen Zweitors

Da das Pfeilsystem der Wellenbeschreibung symmetrisch ist, kann man den Ausgangsreflektionsfaktor $\underline{r}_2$ unmittelbar aus Gl. (263) durch Vertauschen der Indizes gewinnen. Der Abschlußwiderstand $\underline{Z}_e$ wird auch hier durch den zugehörigen Reflektionsfaktor $\underline{r}_e$ analog zu Gl. (261) ersetzt. Mit $\underline{Z}_e' = \underline{Z}_e/Z_o$ und mit

$$\underline{r}_e = \underline{M}_1/\underline{N}_1 = \frac{\underline{Z}_e' - 1}{\underline{Z}_e' + 1}$$

erhält man den <u>Ausgangsreflektionsfaktor</u>

$$\underline{r}_2 = \underline{S}_{22} + \underline{r}_e\frac{\underline{S}_{12}\underline{S}_{21}}{1 - \underline{S}_{11}\underline{r}_e}$$

<u>Beispiel 29</u>: Ein symmetrisches Zweitor
nach Bild 88 mit den Widerstandswerten
$R = X_C = 100\,\Omega$ wird mit dem Abschlußwiderstand $R_a = 40\,\Omega$ belastet. Der Bezugswiderstand beträgt $Z_o = 50\,\Omega$. Es
ist der Eingangsreflektionsfaktor $\underline{r}_1$
und daraus der Eingangswiderstand $\underline{Z}_1$
zu berechnen.

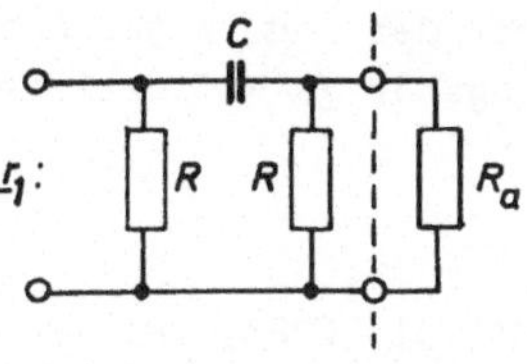

Bild 88 π-Zweitor

Die Leiwertmatrix des abgebildeten π-Zweitors   (Zweitor X)
wird mit Gl. (127) (S. 71) bestimmt.

$$(\underline{Y}) = \begin{bmatrix} 1/R + jB_C & -jB_C \\ -jB_C & 1/R + jB_C \end{bmatrix} = \begin{bmatrix} 10 + j10 & -j10 \\ -j10 & 10 + j10 \end{bmatrix} mS$$

Normiert auf den Bezugsleitwert $Y_o = 1/Z_o = 20$ mS erhält man

$$(\underline{Y}') = \begin{bmatrix} 0,5 + j0,5 & -j0,5 \\ -j0,5 & 0,5 + j0,5 \end{bmatrix}$$

Für die Berechnung der Streuparameter mit Gl. (247) aus Tafel
10 (S. 132) berechnet man zunächst die Teilausdrücke

$$\underline{Y}' = \underline{Y}'_{11}\underline{Y}'_{22} - \underline{Y}'_{12}\underline{Y}'_{21} = (0,5 + j0,5)^2 + 0,25$$
$$= 0,25 + j0,50$$

$$1 + \underline{Y}'_{11} + \underline{Y}'_{22} + \underline{Y}' = 2,25 + j1,50$$
$$1 - \underline{Y}'_{11} + \underline{Y}'_{22} - \underline{Y}' = 0,75 - j0,50$$

und dann die Streuparameter unter Berücksichtigung der Längssymmetrie des Zweitors zu

$$\underline{S}_{11} = \underline{S}_{22} = \frac{1 - \underline{Y}'_{11} + \underline{Y}'_{22} - \underline{Y}'}{1 + \underline{Y}'_{11} + \underline{Y}'_{22} + \underline{Y}'} = \frac{0,75 - j0,50}{2,25 + j1,50}$$
$$= 0,13 - j0,31$$

$$\underline{S}_{12} = \underline{S}_{21} = \frac{-2\underline{Y}'_{12}}{1 + \underline{Y}'_{11} + \underline{Y}'_{22} + \underline{Y}'} = \frac{j}{2,25 + j1,50}$$
$$= 0,21 + j0,31$$

Mit dem normierten Lastwiderstand $\underline{Z}_a' = R_a/Z_o = 0,8$ lautet der zugehör ge Reflektionsfaktor nach Gl. (259) (S. 141)

$$\underline{r}_a = \frac{\underline{Z}_a' - 1}{\underline{Z}_a' + 1} = -0,11$$

Mit Gl. (263) (S. 142) erhält man schließlich den **Eingangsreflektionsfaktor**

$$\underline{r}_1 = \underline{S}_{11} + \underline{r}_a \frac{\underline{S}_{12}\underline{S}_{21}}{1 - \underline{S}_{22}\underline{r}_a} = 0,13 - j0,32$$

Der zugehörige Eingangswiderstand beträgt nach Gl. (260) (S. 141)

$$\underline{Z}_1' = \frac{1 + \underline{r}_1}{1 - \underline{r}_1} = 1,03 - j0,75$$

bzw. $\qquad \underline{Z}_1 = \underline{Z}_1' Z_o = (52 - j38)\,\Omega$

11.6. Betriebsdämpfung

Die Betriebsdämpfung nach Abschn. 6, Gl. (175) (S. 96) kann ebenfalls durch Streuparameter ausgedrückt werden. Dazu werden Widerstände und Widerstandsparameter in Gl. (175) auf den Bezugswiderstand Z_o normiert. Hier wird der in der Praxis wichtigste Fall zugrunde gelegt, daß der Innenwiderstand des Senders im Modell Sender-Zweitor-Empfänger zugleich Bezugswiderstand ist. Mit $Z_o = R_i$ erhält man zunächst

$$a/dB = 10 \lg \frac{1}{4R_a'} \left| \frac{(\underline{Z}_{11}' + 1)(\underline{Z}_{22}' + \underline{R}_a)}{\underline{Z}_{21}'} - \underline{Z}_{12}' \right|^2$$

Mit den Umrechnungsbeziehungen (249) aus Tafel 10 (S. 133)

$$\underline{Z}_{11}' = (1 + \underline{S}_{11} - \underline{S}_{22} - \underline{S})/(1 - \underline{S}_{11} - \underline{S}_{22} + \underline{S})$$

$$\underline{Z}_{12}' = 2\underline{S}_{12}/(1 - \underline{S}_{11} - \underline{S}_{22} + \underline{S})$$

$$\underline{Z}_{21}' = 2\underline{S}_{21}/(1 - \underline{S}_{11} - \underline{S}_{22} + \underline{S})$$

$$\underline{Z}_{22}' = (1 - \underline{S}_{11} + \underline{S}_{22} - \underline{S})/(1 - \underline{S}_{11} - \underline{S}_{22} + \underline{S})$$

und dem Abschlußwiderstand ausgedrückt durch den zugehörigen Reflektionsfaktor nach Gl. (260) (S. 141)

$$R'_a = \frac{1 + \underline{r}_a}{1 - \underline{r}_a} = \frac{1 + r_a}{1 - r_a}$$

erhält man für die Betriebsdämpfung den verhältnismäßig umfangreichen Ausdruck

$$a/dB = 10\ \lg \frac{1}{4}\cdot\frac{1 - r_a}{1 + r_a}\left|\frac{\underline{E}^2}{4\underline{S}_{21}^2}\left[\left(\frac{1 + \underline{S}_{11} - \underline{S}_{22} - \underline{S}}{\underline{E}} + 1\right)\cdot\right.\right.$$

$$\left.\left.\cdot\left(\frac{1 - \underline{S}_{11} + \underline{S}_{22} - \underline{S}}{\underline{E}} + \frac{1 + r_a}{1 - r_a}\right) - \frac{4\underline{S}_{12}\underline{S}_{21}}{\underline{E}^2}\right]\right|^2$$

mit der Abkürzung $\underline{E} = 1 - \underline{S}_{11} - \underline{S}_{22} + \underline{S}$

Nach einer längeren (mathematisch einfachen) Umrechnung findet man schließlich für die <u>Betriebsdämpfung</u>

$$a/dB = 10\ \lg\ \frac{\left|1 - r_a\underline{S}_{22}\right|^2}{\left|\underline{S}_{21}\right|^2 (1 - r_a^2)} \tag{265}$$

<u>Beispiel 30:</u> Die Betriebsdämpfung des Zweitors in der Schaltung Beispiel 19 (S. 96f) soll über Streuparameter bestimmt werden.

Die Widerstandsmatrix des T-Zweitors lautet (s. S. 97)

$$(\underline{Z}) = \begin{bmatrix} 1000 - j318 & 1000 \\ 1000 & 1000 - j318 \end{bmatrix}\Omega$$

Normiert auf den Innenwiderstand der Signalquelle $R_i = 600\,\Omega$ erhält man die normierte Widerstandsmatrix

$$(\underline{Z}') = \begin{bmatrix} 1,67 - j0,53 & 1,67 \\ 1,67 & 1,67 - j0,53 \end{bmatrix}$$

Zur Umrechnung der normierten Widerstandsparameter in Streuparameter dient Gl. (246) aus Tafel 10 (S. 132). Mit den Teil-
ausdrücken

$$\underline{Z}' = \underline{Z}'_{11}\underline{Z}'_{22} - \underline{Z}'_{12}\underline{Z}'_{21} = (1{,}67 - \mathrm{j}0{,}53)^2 - 1{,}67^2$$
$$= -0{,}28 - \mathrm{j}1{,}77$$

$$1 + \underline{Z}'_{11} + \underline{Z}'_{22} + \underline{Z}' = 4{,}06 - \mathrm{j}2{,}83$$

$$-1 + \underline{Z}'_{11} - \underline{Z}'_{22} + \underline{Z}' = -1{,}28 - \mathrm{j}1{,}77$$

erhält man die Streuparameter

$$\underline{S}_{11} = \underline{S}_{22} = \frac{-1 + \underline{Z}'_{11} - \underline{Z}'_{22} + \underline{Z}'}{1 + \underline{Z}'_{11} + \underline{Z}'_{22} + \underline{Z}'}$$

$$= \frac{-1{,}28 - \mathrm{j}1{,}77}{4{,}06 - \mathrm{j}2{,}83} = -0{,}008 - \mathrm{j}0{,}441$$

$$\underline{S}_{12} = \underline{S}_{21} = \frac{2\underline{Z}'_{12}}{1 + \underline{Z}'_{11} + \underline{Z}'_{22} + \underline{Z}'}$$

$$= \frac{3{,}34}{4{,}06 - \mathrm{j}2{,}83} = 0{,}554 + \mathrm{j}0{,}386$$

Der zum Lastwiderstand R_a gehörige Reflektionsfaktor hat mit
$R'_a = R_a/R_i = 1$ den Wert

$$r_a = \frac{R'_a - 1}{R'_a + 1} = 0$$

Für die __Betriebsdämpfung__ erhält man schließlich mit Gl. (265)

$$a/\mathrm{dB} = 10 \lg \frac{\left|1 - r_a\underline{S}_{22}\right|^2}{S_{21}^2(1 - r_a^2)} = -20 \lg S_{21}$$

$$= -20 \lg 0{,}675 = 3{,}4$$

$$a = 3{,}4 \ \mathrm{dB}$$

12. Betriebskettenform der Zweitorgleichungen

Ein großer Teil elektrischer Schaltungen bei hohen Frequenzen
sind Kettenschaltungen nach Bild 89. Um eine solche Zweitor-
kombination ähnlich wie bei konventionellen Zweitordarstel-
lungen (s. Abschn. 3.3, S. 52ff) behandeln zu können, bedarf
es dazu geeigneter Zweitorparameter. Die in der Höchstfrequenzmeßtechnik verhältnismäßig leicht meßbaren Streuparameter sind hierfür nicht geeignet.

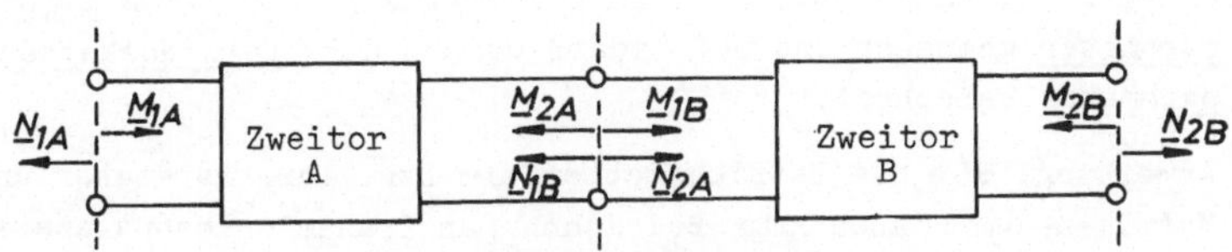

Bild 89   Kettenschaltung von Zweitoren

Die Kombinationsaufgabe im Sinne der Kettenschaltung (Bild 89)
erfüllt dagegen die sog. __Betriebskettenform__ der Zweitorgleichungen

$$\underline{N}_1 = \underline{T}_{11}\underline{M}_2 + \underline{T}_{12}\underline{N}_2$$
$$\underline{M}_1 = \underline{T}_{21}\underline{M}_2 + \underline{T}_{22}\underline{N}_2$$

(266)

__Bestimmung der Betriebskettenparameter.__ Formal kann man die
Betriebskettenparameter ähnlich wie die Streuparameter bestim-
men. Man setzt im Gleichungspaar (266) nacheinander erst die
Welle $\underline{M}_2$, dann die Welle $\underline{N}_2$ gleich Null und erhält wieder vier
Bestimmungsgleichungen für die vier $\underline{T}$-Parameter.

Mit der Bedingung $\underline{N}_2 = 0$ erhält man aus Gl. (266)

$$\underline{N}_1 = \underline{T}_{11}\underline{M}_2 \quad \text{bzw.} \quad \underline{T}_{11} = \left.\frac{\underline{N}_1}{\underline{M}_2}\right|_{\underline{N}_2 = 0} \tag{267}$$

$$\underline{M}_1 = \underline{T}_{21}\underline{M}_2 \quad \text{bzw.} \quad \underline{T}_{21} = \left.\frac{\underline{M}_1}{\underline{M}_2}\right|_{\underline{N}_2 = 0} \tag{268}$$

Mit der Bedingung $\underline{M}_2 = 0$ erhält man aus Gl. (266)

$$\underline{N}_1 = \underline{T}_{12}\underline{N}_2 \quad \text{bzw.} \quad \underline{T}_{12} = \left.\frac{\underline{N}_1}{\underline{N}_2}\right|_{\underline{M}_2 = 0} \tag{269}$$

$$\underline{M}_1 = \underline{T}_{22}\underline{N}_2 \quad \text{bzw.} \quad \underline{T}_{22} = \left.\frac{\underline{M}_1}{\underline{N}_2}\right|_{\underline{M}_2 = 0} \tag{270}$$

Diese Parameter sind mit Ausnahme von $\underline{T}_{22}$ schwierig zu messen. Der Parameter $\underline{T}_{22}$ ist der Kehrwert des Streuparameters $\underline{S}_{21}$ (vergl. Gl. (256), S. 139). In der Praxis werden darum <u>Streuparameter</u> gemessen und bei Bedarf daraus die <u>Betriebsketten-parameter</u> berechnet.

<u>Anmerkung:</u> Für die Betriebskettenform bzw. ihre Parameter und Matrizen sind auch die Bezeichnungen Transmissionsparameter bzw. Transmissionsmatrix gebräuchlich.

12.1. Umrechnung der Wellenparameter

Um aus der Streuform der Zweitorgleichungen die Betriebskettenform zu gewinnen, faßt man das Streugleichungspaar

$$\begin{aligned}
\underline{N}_1 &= \underline{S}_{11}\underline{M}_1 + \underline{S}_{12}\underline{M}_2 \\
\underline{N}_2 &= \underline{S}_{21}\underline{M}_1 + \underline{S}_{22}\underline{M}_2
\end{aligned} \tag{229}$$

vorübergehend als lineares Gleichungssystem mit den beiden Unbekannten $\underline{N}_1$ und $\underline{M}_1$ auf. Die Lösungen für $\underline{N}_1$ und $\underline{M}_1$ führen unmittelbar zum Gleichungspaar (266) (S. 147), der Betriebskettenform der Zweitorgleichungen. Lineare Gleichungssysteme löst man übersichtlich mit der <u>Cramerschen Regel</u> (s. Anhang). Hierzu wird Gl. (229) formal umgestellt zu

$$\underline{N}_1 - \underline{S}_{11}\underline{M}_1 = \underline{S}_{12}\underline{M}_2$$

$$-\underline{S}_{21}\underline{M}_1 = \underline{S}_{22}\underline{M}_2 - \underline{N}_2$$

Mit der Koeffizientendeterminante

$$a = -\underline{S}_{21}$$

und den Determinanten

$$a_1 = -\underline{S}_{12}\underline{S}_{21}\underline{M}_2 + \underline{S}_{11}\underline{S}_{22}\underline{M}_2 - \underline{S}_{11}\underline{N}_2 \quad \text{und} \quad a_2 = \underline{S}_{22}\underline{M}_2 - \underline{N}_2$$

erhält man mit der Cramerschen Regel die Lösungen für die Unbekannten $\underline{N}_1$ bzw. $\underline{M}_1$. Mit der Determinante der Streumatrix

$$\underline{S} = \underline{S}_{11}\underline{S}_{22} - \underline{S}_{12}\underline{S}_{21}$$

als Abkürzung findet man schließlich die Betriebskettenform

$$\underline{N}_1 = a_1/a = -\frac{\underline{S}}{\underline{S}_{21}}\underline{M}_2 + \frac{\underline{S}_{11}}{\underline{S}_{21}}\underline{N}_2 \tag{271}$$

$$\underline{M}_1 = a_2/a = -\frac{\underline{S}_{22}}{\underline{S}_{21}}\underline{M}_2 + \frac{1}{\underline{S}_{21}}\underline{N}_2 \tag{272}$$

und in Matrizenschreibweise

$$\begin{bmatrix} \underline{N}_1 \\ \underline{M}_1 \end{bmatrix} = \frac{1}{\underline{S}_{21}} \begin{bmatrix} -\underline{S} & \underline{S}_{11} \\ -\underline{S}_{22} & 1 \end{bmatrix} \begin{bmatrix} \underline{M}_2 \\ \underline{N}_2 \end{bmatrix} \tag{273}$$

Die Betriebskettenmatrix ausgedrückt durch Streuparameter lautet

$$(\underline{T}) = \begin{bmatrix} \underline{T}_{11} & \underline{T}_{12} \\ \underline{T}_{21} & \underline{T}_{22} \end{bmatrix} = \frac{1}{\underline{S}_{21}} \begin{bmatrix} -\underline{S} & \underline{S}_{11} \\ -\underline{S}_{22} & 1 \end{bmatrix} \tag{274}$$

Für die Determinante der Betriebskettenmatrix gilt

$$\underline{T} = \underline{T}_{11}\underline{T}_{22} - \underline{T}_{12}\underline{T}_{21} = \underline{S}_{12}/\underline{S}_{21} \tag{275}$$

Für lineare, passive Zweitore gilt dann noch $\underline{S}_{12} = \underline{S}_{21}$ (s. Gl. (253), S. 134), man erhält damit für die Determinante

$$\underline{T} = 1 \tag{276}$$

Ganz ähnlich berechnet man aus einer gegebenen Betriebskettenmatrix die zugehörige Streumatrix. Dazu betrachtet man die Betriebskettenform der Zweitorgleichungen

$$\underline{N}_1 = \underline{T}_{11}\underline{M}_2 + \underline{T}_{12}\underline{N}_2$$
$$\underline{M}_1 = \underline{T}_{21}\underline{M}_2 + \underline{T}_{22}\underline{N}_2 \tag{266}$$

vorübergehend als lineares Gleichungssystem mit den Unbekannten $\underline{N}_1$ und $\underline{N}_2$. Die Lösungen findet man auch hier formal einfach mit der Cramerschen Regel. Dazu stellt man Gl. (266), S. 149 um zu

$$\underline{N}_1 - \underline{T}_{12}\underline{N}_2 = \underline{T}_{11}\underline{M}_2$$

$$-\underline{T}_{22}\underline{N}_2 = \underline{T}_{21}\underline{M}_2 - \underline{M}_1$$

Mit der Koeffizientenmatrix $a = -\underline{T}_{22}$

und den Determinanten

$$a_1 = -\underline{T}_{11}\underline{T}_{22}\underline{M}_2 + \underline{T}_{12}\underline{T}_{21}\underline{M}_2 - \underline{T}_{12}\underline{M}_1 \quad \text{und} \quad a_2 = \underline{T}_{21}\underline{M}_2 - \underline{M}_1$$

und der Determinante $\underline{T}$ als Abkürzung

$$\underline{T} = \underline{T}_{11}\underline{T}_{22} - \underline{T}_{12}\underline{T}_{21}$$

ergeben sich für das Gleichungssystem oben die Lösungen

$$\underline{N}_1 = \frac{\underline{T}_{12}}{\underline{T}_{22}}\underline{M}_1 + \frac{\underline{T}}{\underline{T}_{22}}\underline{M}_2 \tag{277}$$

$$\underline{N}_2 = \frac{1}{\underline{T}_{22}}\underline{M}_1 - \frac{\underline{T}_{21}}{\underline{T}_{22}}\underline{M}_2 \tag{278}$$

und in Matrizenschreibweise

$$\begin{bmatrix} \underline{N}_1 \\ \underline{N}_2 \end{bmatrix} = \frac{1}{\underline{T}_{22}} \begin{bmatrix} \underline{T}_{12} & \underline{T} \\ 1 & -\underline{T}_{21} \end{bmatrix} \begin{bmatrix} \underline{M}_1 \\ \underline{M}_2 \end{bmatrix}$$

Die __Streumatrix__ ausgedrückt durch Betriebskettenparameter lautet

$$(\underline{S}) = \frac{1}{\underline{T}_{22}} \begin{bmatrix} \underline{T}_{12} & \underline{T} \\ 1 & -\underline{T}_{21} \end{bmatrix} \tag{279}$$

Für die Determinante der Streumatrix gilt

$$\underline{S} = \underline{S}_{11}\underline{S}_{22} - \underline{S}_{12}\underline{S}_{21} = -\underline{T}_{11}/\underline{T}_{22} \tag{280}$$

In Tafel 12 sind wichtige Beziehungen der Wellenbeschreibung von Zweitoren zusammengefaßt.

<u>Tafel 12</u> Zweitorbeschreibung mit Wellenparametern

Umrechnung der Wellenparameter:

$$(\underline{S}) = \begin{bmatrix} \underline{S}_{11} & \underline{S}_{12} \\ \underline{S}_{21} & \underline{S}_{22} \end{bmatrix} = \frac{1}{\underline{T}_{22}} \begin{bmatrix} \underline{T}_{12} & \underline{T} \\ 1 & -\underline{T}_{21} \end{bmatrix} \tag{281}$$

$$(\underline{T}) = \frac{1}{\underline{S}_{21}} \begin{bmatrix} -\underline{S} & \underline{S}_{11} \\ -\underline{S}_{22} & 1 \end{bmatrix} = \begin{bmatrix} \underline{T}_{11} & \underline{T}_{12} \\ \underline{T}_{21} & \underline{T}_{22} \end{bmatrix} \tag{282}$$

Für lineare, passive Zweitore gilt:

$$\underline{S}_{12} = \underline{S}_{21}; \quad \underline{S} = -\underline{T}_{11}/\underline{T}_{22}; \quad \underline{T} = 1 \tag{283}$$

Für lineare, passive und längssymmetrische Zweitore gilt:

$$\underline{S}_{12} = \underline{S}_{21}; \quad \underline{S} = -\underline{T}_{11}/\underline{T}_{22}; \quad \underline{T} = 1$$

$$\underline{S}_{11} = \underline{S}_{22}; \quad \underline{T}_{12} = -\underline{T}_{21} \tag{284}$$

Eingangs- und Ausgangsreflektionsfaktor:

$$\underline{r}_1 = \underline{S}_{11} + \underline{r}_a \frac{\underline{S}_{12}\underline{S}_{21}}{1 - \underline{S}_{22}\underline{r}_a} \tag{285}$$

$$\underline{r}_2 = \underline{S}_{22} + \underline{r}_e \frac{\underline{S}_{12}\underline{S}_{21}}{1 - \underline{S}_{11}\underline{r}_e} \tag{286}$$

Betriebsdämpfung:

$$a/dB = 10 \lg \frac{\left|1 - r_a\underline{S}_{22}\right|^2}{\left|\underline{S}_{21}\right|^2 (1 - r_a^2)} \tag{287}$$

<u>Beispiel 31:</u> Für das abgebildete, symmetrische Zweitor mit den Wirkwiderständen R = 47 Ω und der Kapazität C = 33 pF ist

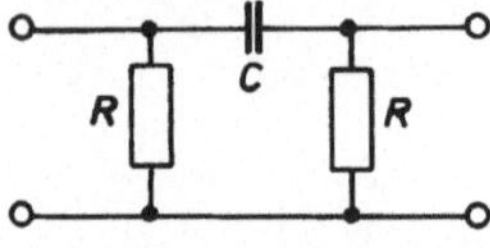

für die Frequenz f = 200 MHz die Betriebskettenmatrix aufzustellen. Der Bezugswiderstand der Schaltung beträgt Z_o = 50 Ω.

Bild 90   RC-Zweitor

Das Zweitor ist ein Elementarzweitor vom Typ X (S. 71). Seine Leitwertmatrix berechnet man daher mit Gl. (127) (S. 71). Mit der Kreisfrequenz ω = 2πf = 2π·200 MHz = 1,26·10^9 s^{-1} und dem Blindleitwert B_C = ωC = 41 mS erhält man die Leitwertmatrix

$$(\underline{Y}) = \begin{bmatrix} 1/R + jB_C & -jB_C \\ -jB_C & 1/R + jB_C \end{bmatrix} = \begin{bmatrix} 21 + j41 & -j41 \\ -j41 & 21 + j41 \end{bmatrix} mS$$

und normiert auf den Bezugsleitwert Y_o = $1/Z_o$ = 20 mS

$$(\underline{Y}') = \begin{bmatrix} 1,05 + j2,05 & -j2,05 \\ -j2,05 & 1,05 + j2,05 \end{bmatrix}$$

Daraus kann man die Streumatrix mit Gl. (247) aus Tafel 10 (S. 132) bestimmen. Mit den Zwischenausdrücken

$$\underline{Y}' = \underline{Y}'_{11}\underline{Y}'_{22} - \underline{Y}'_{12}\underline{Y}'_{21} = (1,05 + j\,2,05)^2 + 2,05^2$$
$$= 1,10 + j4,31$$
$$1 + \underline{Y}'_{11} + \underline{Y}'_{22} + \underline{Y}' = 4,20 + j8,41$$
$$1 - \underline{Y}'_{11} + \underline{Y}'_{22} - \underline{Y}' = -0,01 - j4,31$$

erhält man die Streuparameter

$$\underline{S}_{11} = \underline{S}_{22} = \frac{1 - \underline{Y}'_{11} + \underline{Y}'_{22} - \underline{Y}'}{1 + \underline{Y}'_{11} + \underline{Y}'_{22} + \underline{Y}'} = -0,41 - j0,20$$

$$\underline{S}_{12} = \underline{S}_{21} = \frac{2\underline{Y}'_{12}}{1 + \underline{Y}'_{11} + \underline{Y}'_{22} + \underline{Y}'} = 0,39 + j0,19$$

und die Determinante der Streumatrix

$$\underline{S} = \underline{S}_{11}\underline{S}_{22} - \underline{S}_{12}\underline{S}_{21} = 0,012 + j0,016$$

Die Betriebskettenparameter werden nun mit der Umrechnungsbeziehung (282) aus Tafel 12 (S. 151) aus den Streuparametern errechnet.

$$\underline{T}_{11} = -\underline{S}/\underline{S}_{21} = -(0,012 + j0,016)/(0,39 + j0,19)$$
$$= -0,041 - j0,021$$

$$\underline{T}_{12} = \underline{S}_{11}/\underline{S}_{21} = (-0,41 - j0,20)/(0,39 + j0,19)$$
$$= -1,05$$

$$\underline{T}_{21} = -\underline{T}_{12} = 1,05$$

$$\underline{T}_{22} = 1/\underline{S}_{21} = 1/(0,39 + j0,20) = 2,0 - j1,0$$

Die Betriebskettenmatrix lautet damit

$$(\underline{T}) = \begin{bmatrix} -0,041 - j0,021 & -1,05 \\ 1,05 & 2,0 - j1,0 \end{bmatrix}$$

12.2. Kettenschaltung (II)

Eine Kettenschaltung von Zweitoren behandelt man in konventioneller Form mit Kettenparametern entsprechend Abschn. 3.3 (S. 52ff). Die Kettenschaltung von Zweitoren (Bild 91) kann aber auch mit Wellenparametern untersucht werden, indem man die Betriebskettenparameter verwendet.

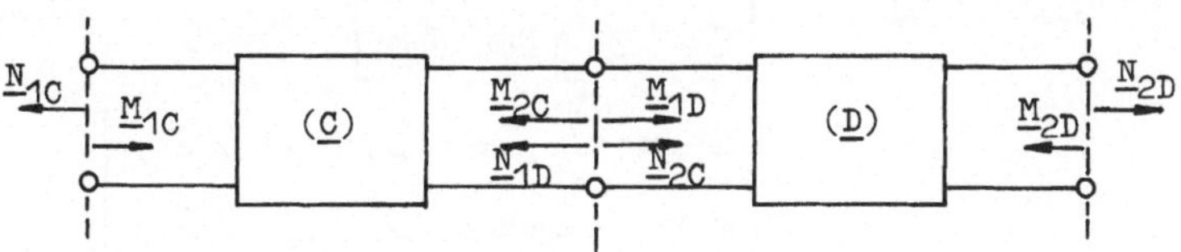

Bild 91   Kettenschaltung zweier Zweitore

Für die Wellen in Bild 91 gelten folgende Zuordnungen:

$$\underline{M}_1 = \underline{M}_{1C}; \qquad \underline{M}_{2C} = \underline{N}_{1D}; \qquad \underline{M}_2 = \underline{M}_{2D}$$
$$\underline{N}_1 = \underline{N}_{1C}; \qquad \underline{N}_{2C} = \underline{M}_{1D}; \qquad \underline{N}_2 = \underline{N}_{2D}$$

$$(288)$$

Um die folgende Ableitung übersichtlich darzustellen, werden die Betriebskettenparameter des Zweitors C mit C_{mn}, die des Zweitors D mit D_{mn} bezeichnet. Die Betriebskettengleichungen beider Zweitore lauten dann

$$\underline{N}_{1C} = \underline{C}_{11}\underline{M}_{2C} + \underline{C}_{12}\underline{N}_{2C} \qquad\qquad \underline{N}_{1D} = \underline{D}_{11}\underline{M}_{2D} + \underline{D}_{12}\underline{N}_{2D}$$

$$\underline{M}_{1C} = \underline{C}_{21}\underline{M}_{2C} + \underline{C}_{22}\underline{N}_{2C} \qquad\qquad \underline{M}_{1D} = \underline{D}_{21}\underline{M}_{2D} + \underline{D}_{22}\underline{N}_{2D}$$

Setzt man nun die Eingangswellen $\underline{N}_{1D}$ und $\underline{M}_{1D}$ des zweiten Zweitors für die Ausgangswellen $\underline{N}_{2C}$ und $\underline{M}_{2D}$ des ersten ein und berücksichtigt Gl. (288) (S. 153), so erhält man

$$\underline{N}_{1C} = \underline{C}_{11}(\underline{D}_{11}\underline{M}_{2D} + \underline{D}_{12}\underline{N}_{2D}) + \underline{C}_{12}(\underline{D}_{21}\underline{M}_{2D} + \underline{D}_{22}\underline{N}_{2D})$$

$$\underline{M}_{1C} = \underline{C}_{21}(\underline{D}_{11}\underline{M}_{2D} + \underline{D}_{12}\underline{N}_{2D}) + \underline{C}_{22}(\underline{D}_{21}\underline{M}_{2D} + \underline{D}_{22}\underline{N}_{2D})$$

und schließlich mit den Beziehungen (288) (S. 153)

$$\underline{N}_1 = (\underline{C}_{11}\underline{D}_{11} + \underline{C}_{12}\underline{D}_{21})\underline{M}_2 + (\underline{C}_{11}\underline{D}_{12} + \underline{C}_{12}\underline{D}_{22})\underline{N}_2$$

$$\underline{M}_1 = (\underline{C}_{21}\underline{D}_{11} + \underline{C}_{22}\underline{D}_{21})\underline{M}_2 + (\underline{C}_{21}\underline{D}_{12} + \underline{C}_{22}\underline{D}_{22})\underline{N}_2 \tag{289}$$

Nach den Regeln der Matrizenrechnung (s. Anhang und [2]) ist die Betriebskettenmatrix des Gesamtzweitors das Produkt der Einzelmatrizen.

$$(\underline{T}_{ges}) = (\underline{C})(\underline{D}) = \begin{bmatrix} \underline{C}_{11} & \underline{C}_{12} \\ \underline{C}_{21} & \underline{C}_{22} \end{bmatrix}\begin{bmatrix} \underline{D}_{11} & \underline{D}_{12} \\ \underline{D}_{21} & \underline{D}_{22} \end{bmatrix} \tag{290}$$

$$= \begin{bmatrix} \underline{C}_{11}\underline{D}_{11} + \underline{C}_{12}\underline{D}_{21} & \underline{C}_{11}\underline{D}_{12} + \underline{C}_{12}\underline{D}_{22} \\ \underline{C}_{21}\underline{D}_{11} + \underline{C}_{22}\underline{D}_{21} & \underline{C}_{21}\underline{D}_{12} + \underline{C}_{22}\underline{D}_{22} \end{bmatrix}$$

Bei der Matrizenmultiplikation ist zu beachten, daß das kommutative Gesetz nicht gilt, also $(\underline{C})(\underline{D}) \neq (\underline{D})(\underline{C})$ gilt (s. Anhang und [2]). Dieser Umstand ist schaltungstechnisch leicht zu interpretieren: Schaltet man zwei unsymmetrische Zweitore in Kette, so ergeben sich je nach Reihenfolge verschiedene Gesamtschaltungen.

<u>Beispiel 32:</u> Für die abgebildete Dämpfungskette ist die Streu-
matrix aufzustellen. Der Bezugswiderstand ist $Z_o = R$.

Die Dämpfungskette (Bild 92a)
ist eine Kettenschaltung aus
drei Elementarzweitoren VIII
(s. S. 69). Die Kettenmatrix
eines Einzelglieds (Bild 92b)
lautet mit Gl. (121) (S. 70)

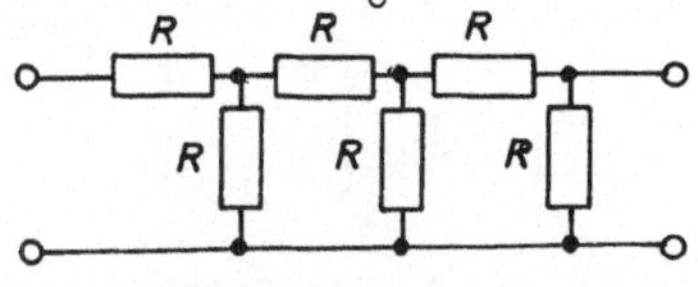

a) Dämpfungskette

$$(\underline{A}) = \begin{bmatrix} 2 & R \\ 1/R & 1 \end{bmatrix}$$

und normiert auf $Z_o = R$

$$(\underline{A}') = \begin{bmatrix} 2 & 1 \\ 1 & 1 \end{bmatrix}$$

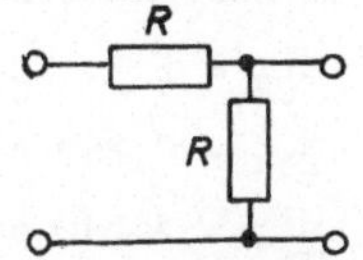

b) Einzelglied
Bild 92   Dämpfungskette

Die Streumatrix des Einzelgliedes wird mit Gl. (245) aus Tafel 10 (S. 132) berechnet. Man erhält

$$(\underline{S}) = \frac{1}{5} \begin{bmatrix} 1 & 2 \\ 2 & -1 \end{bmatrix}$$

Die zugehörige Betriebskettenmatrix findet man mit Gl. (282)
aus Tafel 12 (S. 151)

$$(\underline{T}) = \frac{5}{2} \begin{bmatrix} 1/5 & 1/5 \\ 1/5 & 1 \end{bmatrix} = \begin{bmatrix} 1/2 & 1/2 \\ 1/2 & 5/2 \end{bmatrix}$$

Für die Kettenschaltung von zwei Einzelgliedern findet man

$$(\underline{T})(\underline{T}) = \begin{bmatrix} 1/2 & 1/2 \\ 1/2 & 5/2 \end{bmatrix}\begin{bmatrix} 1/2 & 1/2 \\ 1/2 & 5/2 \end{bmatrix} = \begin{bmatrix} 1/2 & 3/2 \\ 3/2 & 13/2 \end{bmatrix}$$

und für die Gesamtschaltung schließlich

$$(\underline{T})^2(\underline{T}) = \begin{bmatrix} 1/2 & 3/2 \\ 3/2 & 13/2 \end{bmatrix}\begin{bmatrix} 1/2 & 1/2 \\ 1/2 & 5/2 \end{bmatrix} = \begin{bmatrix} 1 & 4 \\ 4 & 17 \end{bmatrix}$$

Die Streumatrix der Gesamtschaltung wird mit Gl. (281) aus Tafel 12 (S. 151) aus der Betriebskettenmatrix berechnet.

$$(\underline{S}) = \frac{1}{\underline{T}_{22}} \begin{bmatrix} \underline{T}_{12} & \underline{T} \\ 1 & -\underline{T}_{21} \end{bmatrix} = \frac{1}{17} \begin{bmatrix} 4 & 1 \\ 1 & -4 \end{bmatrix} = \begin{bmatrix} 4/17 & 1/17 \\ 1/17 & -4/17 \end{bmatrix}$$

<u>Beispiel 33</u>: Ein Halbleiterhersteller hat für einen UHF-Transistor folgende S-Parameter angegeben (Emitterschaltung):

Arbeitspunkt: $U_{CE} = 5$ V; $I_C = 30$ mA; $Z_o = 50$; $f = 200$ MHz

S-Parameter: $\underline{S}_{11} = 0{,}260 \; e^{-j141°}$; $\quad \underline{S}_{12} = 0{,}036 \; e^{j69°}$

$\qquad\qquad\quad \underline{S}_{21} = 14{,}12 \; e^{j99°} \quad$; $\quad \underline{S}_{22} = 0{,}386 \; e^{-j32°}$

Es sind die Leitwertparameter zu bestimmen.

Die Leitwertparameter des nur durch S-Parameter beschriebenen Transistors werden mit Gl. (250) aus Tafel 10 (s. S. 133) berechnet. Dazu werden die S-Parameter und Zwischengrößen der Umrechnungsbeziehungen in Komponenten- und Exponentialform gebraucht. Man erhält im einzelnen

$$\underline{S}_{11} = 0{,}260 \; e^{-j141°} = -0{,}202 - j0{,}164$$
$$\underline{S}_{12} = 0{,}036 \; e^{j69°} = 0{,}0129 + j0{,}0336$$
$$\underline{S}_{21} = 14{,}12 \; e^{j99°} = -2{,}209 + j13{,}946$$
$$\underline{S}_{22} = 0{,}386 \; e^{-j32°} = 0{,}327 - j0{,}205$$

und für die Bestimmung der Determinante der Streumatrix

$$\underline{S}_{11}\underline{S}_{22} = 0{,}100 \; e^{-j173°} = -0{,}0993 - j0{,}0122$$
$$\underline{S}_{12}\underline{S}_{21} = 0{,}508 \; e^{j168°} = -0{,}497 + j0{,}106$$
$$\underline{S} = \underline{S}_{11}\underline{S}_{22} - \underline{S}_{12}\underline{S}_{21} = 0{,}398 - j0{,}118$$

Mit den Zwischensummen

$$1 + \underline{S}_{11} + \underline{S}_{22} + \underline{S} = 1{,}523 - j0{,}487 = 1{,}60 \; e^{-j18°}$$
$$1 - \underline{S}_{11} + \underline{S}_{22} - \underline{S} = 1{,}134 + j0{,}077 = 1{,}14 \; e^{j4°}$$
$$1 + \underline{S}_{11} - \underline{S}_{22} - \underline{S} = 0{,}073 + j0{,}159 = 0{,}17 \; e^{j65°}$$

erhält man die normierten Leitwertparameter

$$\underline{Y}'_{11} = \frac{1 - \underline{S}_{11} + \underline{S}_{22} - \underline{S}}{1 + \underline{S}_{11} + \underline{S}_{22} + \underline{S}} = 0,71\ e^{j22^{\circ}} = 0,66 + j0,27$$

$$\underline{Y}'_{12} = \frac{-2\underline{S}_{12}}{1 + \underline{S}_{11} + \underline{S}_{22} + \underline{S}} = 0,045\ e^{-j93^{\circ}} = -0,0024 - j0,045$$

$$\underline{Y}'_{21} = \frac{-2\underline{S}_{21}}{1 + \underline{S}_{11} + \underline{S}_{22} + \underline{S}} = 17,7\ e^{-j63^{\circ}} = 8,0 - j15,8$$

$$\underline{Y}'_{22} = \frac{1 + \underline{S}_{11} - \underline{S}_{22} - \underline{S}}{1 + \underline{S}_{11} + \underline{S}_{22} + \underline{S}} = 0,11\ e^{j83^{\circ}} = 0,013 + j0,109$$

Renormiert mit dem Bezugsleitwert $Y_o = 1/Z_o = 20$ mS erhält man schließlich die Leitwertparameter

$$\underline{Y}_{11} = \underline{Y}'_{11}Y_o = (13,2 + j5,4)\ \text{mS} \quad \text{bzw.} \quad G_{11} = 13,2\ \text{mS}$$
$$C_{11} = 4,3\ \text{pF}$$

$$\underline{Y}_{12} = \underline{Y}'_{12}Y_o = -(0,05 + j0,90)\ \text{mS bzw.} \quad G_{12} = 0,05\ \text{mS}$$
$$C_{12} = 0,7\ \text{pF}$$

$$\underline{Y}_{21} = \underline{Y}'_{21}\underline{Y}_o = 354\ \text{mS}\ e^{-j63^{\circ}} \quad \text{bzw.} \quad Y_{21} = 354\ \text{mS}$$

$$\underline{Y}_{22} = \underline{Y}'_{22}Y_o = (0,26 + j2,18)\ \text{mS bzw.} \quad G_{22} = 0,26\ \text{mS}$$
$$C_{22} = 1,7\ \text{pF}$$

<u>Beispiel 34</u>: Der oben genannte Transistor wird unter den Betriebsbedingungen aus Beispiel 33 in einer Verstärkerstufe mit dem Kollektorwiderstand $R_C = R_a = 500\,\Omega$ betrieben. Es ist die optimale Leistungsverstärkung zu berechnen.

Mit dem zu R_a gehörigen Reflektionsfaktor nach Gl. (259), S. 141

$$R'_a = Z'_a = 500/50 = 10 \quad \text{und} \quad r_a = 9/11 = 0,82$$

erhält man mit Gl. (265), S. 145 die Leistungsverstärkung (bzw. Betriebsdämpfung) über

$$r_a\underline{S}_{22} = 0,82(0,327 - j0,205) = 0,27 - j0,17$$

$$1 - r_a\underline{S}_{22} = 0,73 + j0,17 \quad \text{bzw.} \quad |1 - r_a\underline{S}_{22}|^2 = 0,56$$

und $\quad V = |a| = |10\ \lg(0,56/14,12^2\,0,33)| = |10\ \lg 0,0085| = 21$ dB

Anhang

Weiterführende Bücher

[1] Feldtkeller, R.: Einführung in die Vierpoltheorie.
      Stuttgart 1962
[2] Brauch, Dreyer, Haacke: Mathematik für Ingenieure, Teil 1
      Grundlagen, lineare Algebra. Stuttgart 1974
[3] Michel, H.-J.: Zweitor-Analyse mit Leistungswellen.
      Stuttgart 1981
[4] Meinke, Gundlach: Taschenbuch der Hochfrequenztechnik.
      Berlin 1984
[5] Paul, M.: Schaltungsanalyse mit s-Parameter.
      Heidelberg 1977

Einführung in die Matrizenrechnung

Im Zusammenhang mit linearen Gleichungssystemen ist die Einführung des Matrizenbegriffs von großem Vorteil. Das lineare Gleichungssystem

$$a_{11}x_1 + a_{12}x_2 + \ldots + a_{1n}x_n = b_1$$
$$a_{21}x_1 + a_{22}x_2 + \ldots + a_{2n}x_n = b_2$$
$$\cdot \quad \cdot \quad \cdot \quad \cdot \quad \cdot \quad \cdot \quad \cdot \quad \cdot \quad \cdot \quad \cdot \quad \cdot \quad \cdot$$
$$a_{n1}x_1 + a_{n2}x_2 + \ldots + a_{nn}x_n = b_n$$

kann formal vereinfacht

$$\begin{bmatrix} a_{11} & a_{12} & \cdots & a_{1n} \\ a_{21} & a_{22} & \cdots & a_{2n} \\ \cdot & \cdot & \cdots & \cdot \\ a_{n1} & a_{n2} & \cdots & a_{nn} \end{bmatrix} \begin{bmatrix} x_1 \\ x_2 \\ \cdot \cdot \\ x_n \end{bmatrix} = \begin{bmatrix} b_1 \\ b_2 \\ \cdot \cdot \\ b_n \end{bmatrix}$$

oder noch kürzer

$$(a)(x) = (b)$$

geschrieben werden. Die Ausdrücke (a), (x) und (b) nennt man

<u>Matrizen.</u> Allgemein definiert man eine Matrix als eine rechteckige Anordnung der Koeffizienten a_{ik} in m Zeilen und n Spalten

$$(a) = \begin{bmatrix} a_{11} & a_{12} & \cdots & a_{1n} \\ a_{21} & a_{22} & \cdots & a_{2n} \\ \cdot & \cdot & \cdots & \cdot \\ a_{m1} & a_{m2} & \cdots & a_{mn} \end{bmatrix}$$

Das Element der i-ten Zeile und k-ten Spalte heißt a_{ik}. Der Matrizenbegriff enthält keine Rechenvorschriften über Verknüpfungen der Matrizenelemente untereinander.

Da nun im Zusammenhang mit der Zweitortheorie allein <u>lineare Gleichungssysteme mit zwei Variablen</u> vorkommen, werden alle Sätze und Regeln auf dieses vereinfachte Problem zugeschnitten. Ein lineares Gleichungssystem mit zwei Variablen

$$a_{11}x_1 + a_{12}x_2 = b_1$$
$$a_{21}x_1 + a_{22}x_2 = b_2 \tag{203}$$

kann vereinfacht in Matrizenschreibweise

$$\begin{bmatrix} a_{11} & a_{12} \\ a_{21} & a_{22} \end{bmatrix} \begin{bmatrix} x_1 \\ x_2 \end{bmatrix} = \begin{bmatrix} b_1 \\ b_2 \end{bmatrix} \tag{204}$$

oder kurz

$$(a)(x) = (b) \tag{205}$$

geschrieben werden. Die in diesem Zusammenhang wesentliche Koeffizientenmatrix

$$(a) = \begin{bmatrix} a_{11} & a_{12} \\ a_{21} & a_{22} \end{bmatrix} \tag{206}$$

ist eine quadratische Matrix aus vier Elementen.

Im Folgenden werden die Rechenregeln zusammengestellt, soweit sie für die Matrizen der Zweitortheorie von Bedeutung sind.

Für quadratische Matrizen aus vier Elementen nach Gl. (206) gelten folgende Sätze und Rechenregeln:

<u>Homologes Element.</u> Stimmen die Indizes zweier Elemente aus zwei Matrizen überein, stehen sie also in der quadratischen Anordnung an gleicher Stelle, so nennt man sie <u>homologe Elemente</u>, z.B. a_{12} ist homolog zu b_{12}.

<u>Gleichheit von Matrizen.</u> Zwei Matrizen sind gleich, wenn alle homologen Elemente gleich sind.

$$(a) = (b)$$

$$\begin{bmatrix} a_{11} & a_{12} \\ a_{21} & a_{22} \end{bmatrix} = \begin{bmatrix} b_{11} & b_{12} \\ b_{21} & b_{22} \end{bmatrix} \tag{207}$$

wenn

$$a_{11} = b_{11}, \ a_{12} = b_{12}, \ a_{21} = b_{21}, \ a_{22} = b_{22} \tag{208}$$

<u>Addition und Subtraktion.</u> Zwei Matrizen werden addiert bzw. voneinander subtrahiert, indem man homologe Elemente addiert bzw. voneinander subtrahiert.

$$(a) \pm (b) = \begin{bmatrix} a_{11} & a_{12} \\ a_{21} & a_{22} \end{bmatrix} \pm \begin{bmatrix} b_{11} & b_{12} \\ b_{21} & b_{22} \end{bmatrix}$$

$$= \begin{bmatrix} a_{11} \pm b_{11} & a_{12} \pm b_{12} \\ a_{21} \pm b_{21} & a_{22} \pm b_{22} \end{bmatrix} \tag{209}$$

Für die Matrizenaddition gilt das kommutative Gesetz

$$(a) + (b) = (b) + (a) \tag{210}$$

<u>Multiplikation mit einer Konstanten.</u> Eine Matrix wird mit einer Konstanten multipliziert, indem man alle Elemente der Matrix mit dieser Konstanten multipliziert.

$$k(a) = k \begin{bmatrix} a_{11} & a_{12} \\ a_{21} & a_{22} \end{bmatrix} = \begin{bmatrix} ka_{11} & ka_{12} \\ ka_{21} & ka_{22} \end{bmatrix} \tag{211}$$

Gl. (211) kann auch so ausgesprochen werden: Ein gemeinsamer Teiler aller Elemente kann vor die Matrix gezogen werden. Dieser Schritt empfiehlt sich bei Vierpolmatrizen vor allem in bezug auf Einheiten und Zehnerpotenzen.

<u>Multiplikation von Matrizen.</u> Zwei Matrizen werden multipliziert, indem man die Zeilen der ersten mit den Spalten der zweiten multipliziert.

$$(a)(b) = \begin{bmatrix} a_{11} & a_{12} \\ a_{21} & a_{22} \end{bmatrix} \begin{bmatrix} b_{11} & b_{12} \\ b_{21} & b_{22} \end{bmatrix}$$

$$= \begin{bmatrix} a_{11}b_{11} + a_{12}b_{21} & a_{11}b_{12} + a_{12}b_{22} \\ a_{21}b_{11} + a_{22}b_{21} & a_{21}b_{12} + a_{22}b_{22} \end{bmatrix} \qquad (212)$$

Für die Matrizenmultiplikation gilt das kommutative Gesetz <u>nicht</u>. Die Reihenfolge der Faktoren ist nicht beliebig.

$$(a)(b) \neq (b)(a) \qquad (213)$$

<u>Einheitsmatrix.</u> Multipliziert man eine beliebige Matrix mit der Einheitsmatrix

$$(e) = \begin{bmatrix} 1 & 0 \\ 0 & 1 \end{bmatrix} \qquad (214)$$

so ändert sich die Matrix nicht (man kann sie wie den Faktor 1 hinzusetzen oder weglassen). Bei der Multiplikation mit der Einheitsmatrix ist die Reihenfolge der Faktoren beliebig.

$$(e)(a) = (a)(e) = (a) \qquad (215)$$

<u>Inverse Matrix.</u> Eine Division von Matrizen ist nicht definiert. Eine analoge Operation erreicht man aber mit der inversen Matrix. Multipliziert man eine Matrix mit ihrer inversen Matrix, so erhält man die Einheitsmatrix, auch hier ist die Reihenfolge der Faktoren beliebig.

$$(a)(a^{-1}) = (a^{-1})(a) = (e) \qquad (216)$$

Mit der Determinante der Matrix

$$a = a_{11}a_{22} - a_{12}a_{21} \tag{217}$$

lautet die zu (a) inverse Matrix

$$(a^{-1}) = \frac{1}{a}\begin{bmatrix} a_{22} & -a_{12} \\ -a_{21} & a_{11} \end{bmatrix} \tag{218}$$

Man überzeugt sich leicht, daß Gl. (218) die Definitions-
gleichung (216) erfüllt

$$(a^{-1})(a) = \frac{1}{a}\begin{bmatrix} a_{22} & -a_{12} \\ -a_{21} & a_{11} \end{bmatrix}\begin{bmatrix} a_{11} & a_{12} \\ a_{21} & a_{22} \end{bmatrix}$$

$$= \frac{1}{a}\begin{bmatrix} a_{11}a_{22} - a_{12}a_{21} & 0 \\ 0 & a_{11}a_{22} - a_{12}a_{21} \end{bmatrix}$$

$$= \begin{bmatrix} 1 & 0 \\ 0 & 1 \end{bmatrix}$$

<u>Determinanten.</u> Ordnet man einer quadratischen Matrix eine
bestimmte Rechenvorschrift zu, so nennt man diesen Ausdruck
Determinante. Die Determinante einer Matrix aus vier Elementen hat den Wert

$$a = \begin{vmatrix} a_{11} & a_{12} \\ a_{21} & a_{22} \end{vmatrix} = a_{11}a_{22} - a_{12}a_{21} \tag{219}$$

<u>Cramersche Regel.</u> Löst man das Gleichungssystem

$$a_{11}x_1 + a_{12}x_2 = b_1$$
$$a_{21}x_1 + a_{22}x_2 = b_2$$

so findet man die Lösungen

$$x_1 = \frac{b_1a_{22} - b_2a_{12}}{a_{11}a_{22} - a_{12}a_{21}} \quad \text{und} \quad x_2 = \frac{b_2a_{11} - b_1a_{21}}{a_{11}a_{22} - a_{12}a_{21}}$$

Man erkennt, daß die Nenner der Lösungen die Determinanten
der Koeffizientenmatrix (a) sind. Die Zähler lassen sich

ebenfalls durch Determinanten ausdrücken, nämlich der Zähler
zu x_1 durch

$$a_1 = \begin{vmatrix} b_1 & a_{12} \\ b_2 & a_{22} \end{vmatrix} = b_1 a_{22} - b_2 a_{12} \qquad (220)$$

und der Zähler zu x_2 durch

$$a_2 = \begin{vmatrix} a_{11} & b_1 \\ a_{21} & b_2 \end{vmatrix} = b_2 a_{11} - b_1 a_{21} \qquad (221)$$

Die Lösungen des Gleichungssystems in Gl. (203) lauten mit
der <u>Cramerschen Regel</u> und Gl. (219) bis (221)

$$x_1 = \frac{a_1}{a}, \qquad x_2 = \frac{a_2}{a} \qquad (222)$$

Formelzeichen

Effektivwerte von Wechselstromgrößen sind durch große Buchstaben (U, I) gekennzeichnet, Zeitwerte durch kleine (u, i). Formelzeichen komplexer Größen sind unterstrichen ($\underline{U}$, $\underline{I}$, $\underline{Z}$), Beträge komplexer Größen werden mit großen Buchstaben geschrieben (U, I, Z).

Index	Bezeichnung für	Index	Bezeichnung für
1	Eingang	e	Eingang
2	Ausgang	i, k	1, 2, ...
a	Ausgang	m	1, 2, ...
b	Basisschaltung	n	1, 2, ...
C	Kapazität	ges	gesamt
c	Kollektorschaltung	*	konjugiert komplex
e	Emitterschaltung	L	Induktivität

Formelzeichen

A	Determinante von (A)
(A)	Kettenmatrix
(A')	normierte Kettenmatrix
A_{ik}	Kettenparameter
A'_{ik}	normierte Kettenparameter
a	Dämpfungsmaß
a_{ik}	Koeffizient in lin. Gleichungen
(a)	Koeffizientenmatrix
a	Determinante von (a)
B	Blindleitwert
b_i	Koeffizient in lin. Gleichungen
(b)	Matrix der Koeffizienten b_i
C	Kapazität
D	Determinante
f	Frequenz
f_o	Grenzfrequenz, Resonanzfrequenz
G	Wirkleitwert
G'	normierter Wirkleitwert
h	Determinante von (h)

(h)	Hybridmatrix
(h')	normierte Hybridmatrix
h_{ik}	Hybridparameter
h'_{ik}	normierte Hybridparameter
I	Strom
Im	Imaginärteil
i	Zeitwert des Stroms
j	$= \sqrt{-1}$
L	Induktivität
M	Gegeninduktivität, hinlaufende Welle
N	Windungszahl, reflektierte Welle
P	Wirkleistung
P_v	verfügbare Leistung
Q_L	Spulengüte
R	Wirkwiderstand
R'	normierter Wirkwiderstand
Re	Realteil
R_i	Innenwiderstand
r	Reflektionsfaktor
S	Scheinleistung, Determinante von (S)
(S)	Streumatrix
S_{ik}	Streuparameter
T	Determinante von (T)
(T)	Betriebskettenmatrix, Transmissionsmatrix
T_{ik}	Betriebskettenparameter, Transmissionsparameter
U	Spannung
U_B	Betriebsspannung
U_{CE}	Kollektor-Emitterspannung
U_q	Quellenspannung
u	Zeitwert der Spannung
ü	Übersetzungsverhältnis
v	Verstärkung
v_{opt}	optimale Leistungsverstärkung
v_P	Leistungsverstärkung
v_U	Spannungsverstärkung
X	Blindwiderstand

X'	normierter Blindwiderstand
x	Variable
Y	Scheinleitwert, Determinante von (Y)
Y'	normierter Scheinleitwert
(Y)	Leitwertmatrix
(Y')	normierte Leitwertmatrix
Y_{ik}	Leitwertparameter
Y'_{ik}	normierte Leitwertparameter
Z	Scheinwiderstand, Determinante von (Z)
Z'	normierter Scheinwiderstand
Z_{ik}	Widerstandsparameter
Z'_{ik}	normierte Widerstandsparameter
Z_i	Innenwiderstand
Z_k	Kettenwiderstand
Z_L	Wellenwiderstand
Z_o	Bezugswiderstand
	Kopplungsfaktor
	Phasenwinkel
	Kreisfrequenz
	$=3,14\ldots$

Sachverzeichnis

Allpaß 77 ff.
Anpassung 107, 109
Ausgangs-Kurzschlußleitwert
    16, 21
Ausgangs-Leerlaufwiderstand
    18, 21
Ausgangsreflektionsfaktor 139,
    140 ff., 151

Basisschaltung 112
Betriebsdämpfung 94 ff., 144
Betriebskettenform 147 ff.
Betriebskettenparameter 147 f.
-, Umrechnungstabelle 151
Betriebsmodell 10, 140
Brückenschaltung 75, 77, 83 f.

Cramersche Regel 162 f.

Determinante 162
-, von Zweitormatrizen 35 f.,
    151
Eingangs-Kurzschlußleitwert
    16, 21
Eingangs-Leerlaufwiderstand
    18, 21
Eingangsreflektionsfaktor 139,
    140 ff., 151
Eingangswiderstand 43 ff.
-, Übertrager 88 ff.
Einheitsmatrix 161
Elementarzweitore 64 ff.
Emitterschaltung 112
Ersatzschaltung 97 ff., 105 ff.
-, Übertrager 85 f., 90
Ersatz-T-Zweitor 97 f.
Ersatz-X-Zweitor 113 ff.
Ersatz-π-Zweitor 98 ff.

Gesteuerte Quellen 104 ff.
Gleichungssysteme, lineare 119
Gyrator 93 f.

Hybridparameter 22

Kernwiderstand 18, 21 f.
Kettenparameter 20 ff.
Kettenpfeilsystem 12
Kettenschaltung 52 ff., 153 ff.
-, gegensinnige 59 ff.
-, gleichsinnige 55 ff.
Kettenwiderstand 57 f.
Kollektorschaltung 112
Kopplungsfaktor 87

Kurzschluß-Eingangswiderstand
    22
Kurzschluß-Stromverstärkung 22
Leerlauf-Ausgangsleitwert 22
Leerlauf-Spannungsrückwirkung
    22
Leistung, verfügbare 95, 122,
    124
Leistungsverstärkung 106, 109
-, optimale 107, 109 f., 113
Leitung, verlustlose 62
Leitwertparameter 15 f.
Linearität 11
Lufttransformator 84 ff.

Matrizen 119 ff.
-, inverse 122
-, Rechengesetze 121

Normierung 121, 126,

Parallelschaltung 48
Passivität 11
Pfeilsystem, Ketten- 12
-, symmetrisches 12
π-Zweitor 71, 98 ff.
-, äquivalentes 72 f.

RC-Generator 79
RC-Verstärker 113
Reflektionsfaktor 121, 124,
    140 ff.
Resonanzverstärker 114
Rückwirkungsleitwert 16, 21

Serien-Parallelschaltung 63 f.
Serienschaltung 51 f.
Spannungsübersetzung, rezipro-
    ke 21 f.
-, Übertrager 88, 91
Spannungsverstärkung 106, 109
Steilheit 16, 21 f.
Stern-Dreiecksumwandlung 72
Streuform 127 ff.
Streukoeffizient 87
Streuparameter 137 ff.
-, Umrechnungstabellen 132,
    133, 151
Stromübersetzung, reziproke
    Kurzschluß- 21 f.
-, Übertrager 88

Symmetrie 36

Transformator 84 ff.
-, idelaer 90 f.
Transistor 110 f.
-, Grundschaltungen 112
-, Zweitorparameter 111 ff.
-, Umrechnungstabelle der Zwei-
    torparameter 118
-, Verstärker 113 ff.
T-Zweitor 70 f., 96 f.
Transmissionsparameter 147 f.

Übertrager, linearer 84 ff.
-, idealer 90 f.
-, streuungsfreier 89 f.
-, verlustloser 86 f.
Übertragungsfaktor rückwärts
        139
-, vorwärts 139
Umkehrungssatz 31 ff.
Umrechnungstabelle der Zweitor-
        parameter 29, 133, 134,
        151
-, Transistorparameter 118

Vierpol s. Zweitor
Wellenbeschreibung, Strom-
        kreis 120 ff.
-, Zweitor 119, 125 ff.
Wellenmodell 120 ff.
Wellenwiderstand 60 f.
Widerstandsmatrix 18 ff.
Widerstandsparameter 21

X-Zweitor 32, 74 ff.

Zweitor 8 ff.
-, lineares 11
-, umgekehrtes 39 ff.
Zweitorgleichungen 12 ff.
-, Betriebskettenform 147 ff.
-, Hybridform 13 f.
-, Kettenform 13.f.
-, Leitwertform 13
-, Streuform 137 ff.
-, Widerstandsform 13
Zweitorkombinationen 47 ff.,
        153 f.

- - - - - - -

TEUBNER STUDIENSKRIPTEN (TSS) UND LEHRBÜCHER FÜR INGENIEURE

- Eine Auswahl für den Elektrotechniker -

Baur, Einführung in die Radartechnik   (TSS)   DM 22,80

Fricke/Vaske, Elektrische Netzwerke
   17., neubearbeitete und erweiterte Auflage.   Geb.   DM 68,--

Frohne, Einführung in die Elektrotechnik

   Band 1: Grundlagen und Netzwerke
      5., durchgesehene Auflage.   (TSS)   DM 18,80

   Band 2: Elektrische und magnetische Felder
      5., durchgesehene Auflage.   (TSS)   DM 21,80

   Band 3: Wechselstrom
      4., durchgesehene Auflage.   (TSS)   DM 19,80

Gerdsen, Hochfrequenzmeßtechnik   (TSS)   DM 19,80

Kirschbaum, Transistorverstärker

   Band 1: Technische Grundlagen
      4., neubearbeitete und erweiterte Auflage.   (TSS)   DM 23,80

   Band 2: Schaltungstechnik, Teil 1
      3., durchgesehene Auflage.   (TSS)   DM 20,80

   Band 3: Schaltungstechnik, Teil 2
      2., durchgesehene Auflage.   (TSS)   DM 21,80

Michel, Zweitor-Analyse mit Leistungswellen   (TSB)   DM 32,--

Ulbricht, Netzwerkanalyse, Netzwerksynthese und Leitungstheorie   (TSS)   DM 18,80

Unger, Hochfrequenztechnik in Funk und Radar
   3., neubearbeitete Auflage.   (TSS)   DM 21,80

Vaske, Berechnung von Gleichstromschaltungen
   4., durchgesehene Auflage.   (TSS)   DM 17,80

Vaske, Berechnung von Wechselstromschaltungen
   4., durchgesehene Auflage.   (TSS)   DM 21,80

TSS: Teubner Studienskripten (12,7 x 18,8 cm)
TSB: Teubner Studienbücher (13,7 x 20,5 cm)

(Preisänderungen vorbehalten)